Kemper

Führen und Leiten im Einsatz

– 4. Auflage 2013 –

Fachwissen Feuerwehr

ecomed SICHERHEIT

Verlagsgruppe
Hüthig Jehle Rehm GmbH

1 Mengenbestellung

Bitte senden Sie mir/uns folgende/n Titel aus der Reihe
„Fachwissen Feuerwehr" zum Preis von je € 11,95 inkl. MwSt.

Ex.	Titel	ISBN
______	Atemschutzgeräteträger	978-3-609-62325-2
______	Baukunde	978-3-609-62411-2
______	Brandsicherheitsdienst	978-3-609-62408-2
______	Brennen und Löschen	978-3-609-62023-7
______	Digitalfunk	978-3-609-68436-9
______	Durchführung des ABC-Einsatzes	978-3-609-62356-6
______	Einfache Rettung aus Höhen und Tiefen	978-3-609-62013-8
______	Einsätze im Bereich von Bahnanlagen	978-3-609-68462-8
______	Einsatzplanung und -vorbereitung	978-3-609-62400-6
______	Fahrzeugkunde Teil 1	978-3-609-62403-7
______	Fahrzeugkunde Teil 2	978-3-609-62014-5
______	Führen und Leiten im Einsatz	978-3-609-62016-9
______	Gefahren der Einsatzstelle	978-3-609-62401-3
______	Gerätekunde/Hilfeleistungsgerät	978-3-609-62021-3
______	Gerätekunde/Löschgerät	978-3-609-62324-5
	Gerätekunde/Rettungsgerät	978-3-609-62116-6
______	Gerätekunde/Schläuche und Armaturen	978-3-609-62368-9
______	Grundlagen der Absturzsicherung	978-3-609-62406-8
______	Grundlagen der Wasser- und Eisrettung	978-3-609-62359-7
______	Grundlagen des ABC-Einsatzes	978-3-609-62321-4
______	Grundlagen des Drehleitereinsatzes	978-3-609-62323-8
______	Grundlagen des Hochwassereinsatzes	978-3-609-62357-3
______	Grundtätigkeiten Hilfeleistungseinsatz	978-3-609-62022-0
______	Grundtätigkeiten Löscheinsatz	978-3-609-62413-6
______	Grundtätigkeiten Retten und Selbstretten	978-3-609-62358-0
______	Knoten, Stiche, Bunde und Anschlagmittel	978-3-609-62402-0
______	Löschwasserförderung	978-3-609-62015-2
______	Löschwasserversorgung	978-3-609-62405-1
______	Maschinist für Löschfahrzeuge – Grundlagen	978-3-609-62012-1
______	Mechanik	978-3-609-62117-3
______	Photovoltaik	978-3-609-62404-4
______	Schutzkleidung und Schutzgerät	978-3-609-62407-5
______	Türöffnung – Forcible Entry	978-3-609-62409-9
______	Unfallverhütung	978-3-609-62354-2
______	Unfälle mit alternativ angetriebenen Fahrzeugen	978-3-609-62410-5
______	Vorbeugender Brandschutz	978-3-609-62412-9

2 Sammelwerk-Bestellung

Bitte senden Sie mir/uns Ihr Sammelwerk (2 Bände, 16 Titel)
„Fachwissen Feuerwehr" zum Sonderpreis von € 129,95 inkl. MwSt.

Ex.	Titel	ISBN
______	Sammelwerk Fachwissen Feuerwehr	978-3-609-62001-5

Bitte senden Sie mir/uns nur einzelne Leerordner

zum Preis von je € 9,00 inkl. MwSt.

Ex.	Titel	ISBN
______	Leerordner Fachwissen Feuerwehr Band 1	978-3-609-62002-2
______	Leerordner Fachwissen Feuerwehr Band 2	978-3-609-62003-9
______	Leerordner Fachwissen Feuerwehr Band 3	978-3-609-20459-8

Einfach & bequem bestellen: Fax: +49 89/ 2183-7620

Absender:

Institution

Name / Vorname

Funktion

Straße und Hausnummer

PLZ / Ort

Telefonnr. für Rückfragen

Datum X Unterschrift

Stand der Preise 1/2013. Irrtum und Änderungen vorbehalten.

Bestellung und Information unter
www.ecomed-storck.de

ecomed SICHERHEIT

Verlagsgruppe Hüthig Jehle Rehm GmbH
Unternehmensbereich ecomed SICHERHEIT
80289 München

Service-Tel.: 0800/2183 - 333 (kostenlos)
Bestell-Fax: 089/ 21 83 - 7620
E-Mail: kundenbetreuung@hjr-verlag.de
Internet: www.ecomed-storck.de

FACHWISSEN FEUERWEHR

Kemper

FÜHREN UND LEITEN IM EINSATZ

4. Auflage 2013

ecomed
SICHERHEIT

Bibliografische Informationen der Deutschen Nationalbibliothek

Die Deutsche Nationalbibliothek verzeichnet diese Publikation in der Deutschen Nationalbibliografie; detaillierte bibliografische Daten sind im Internet über <http://dnb.d-nb.de> abrufbar.

Bei der Herstellung des Werkes haben wir uns zukunftsbewusst für umweltverträgliche und wiederverwertbare Materialien entschieden.
Der Inhalt ist auf chlorfrei gebleichtes Papier gedruckt.

ISBN 978-3-609-62418-1

E-Mail: kundenbetreuung@hjr-verlag.de

Telefon: +49 89/2183-7928
Telefax: +49 89/2183-7620

www.ecomed-storck.de

Satz: abavo GmbH, 86807 Buchloe
Druck: Kessler Druck + Medien, 86399 Bobingen

Vorwort

Die Anforderungen an die Angehörigen der Freiwilligen Feuerwehren, Berufsfeuerwehren, Werk- und Betriebsfeuerwehren haben sich im Laufe der Jahre erheblich verändert. Genügten früher die Kenntnisse der normalen Brandbekämpfung, müssen heute selbst kleine Feuerwehren die unterschiedlichsten Notlagen meistern, um in Not geratene Mitmenschen oder Tiere zu retten, Sachwerte zu erhalten und die Umwelt vor Schaden zu bewahren.

Dies ist aber nur noch möglich, wenn für die Feuerwehrangehörigen eine umfassende und wirksame Aus- und Weiterbildung angeboten und auch durchgeführt wird.

Diese Forderung steht jedoch dem Problem gegenüber, dass diese Aus- und Weiterbildung von den meist freiwillig tätigen Angehörigen der Feuerwehren zusätzlich zu den immer weiter steigenden Anforderungen in deren Berufsleben geleistet werden muss.

Letztlich liegt es an jedem Feuerwehrangehörigen selbst, ob und in welchem Umfang er bereit ist, sich durch eine regelmäßige und aktive Teilnahme an der Aus- und Weiterbildung den gesteigerten Anforderungen der Feuerwehr zu stellen.

Das Ziel der Broschürenreihe „Fachwissen Feuerwehr" besteht darin, die Feuerwehrangehörigen mit dem Wissen auszustatten, das in der heutigen Zeit erforderlich ist, um aufgabengerecht und wirkungsvoll tätig zu werden. Sie ist vorrangig für die Feuerwehrangehörigen vorgesehen, die erstmals in das Thema Feuerwehr „einsteigen" und für diejenigen, die sich ein solides Basiswissen aneignen möchten.

Die Gliederung der Broschüren entspricht weitgehend der Gliederung der Feuerwehr-Dienstvorschrift FwDV 2 „Ausbildung der Freiwilligen Feuerwehren" und den daraus abgeleiteten Lernzielkatalogen.

Deshalb können diese Ausarbeitungen auch gut zur Lehrgangsvorbereitung und -begleitung genutzt werden. Das praktische Broschürenformat ermöglicht eine leichte Handhabung in der Praxis.

Die Texte und Abbildungen sind in leicht verständlicher Weise dargestellt, wichtige Hinweise und Merksätze filtern die für die Praxis wichtigen Informationen heraus. Auf die Verwendung spezieller Formeln und wenig gebräuchlicher Begriffe und Einheiten wird weitgehend verzichtet. Die Angabe technischer Daten erfolgt ohne Gewähr.

Die Funktionsbezeichnungen und personenbezogenen Begriffe gelten sowohl für weibliche als auch für männliche Feuerwehrangehörige.

Diese Broschüre **„Führen und Leiten im Einsatz"** befasst sich mit den bei der Durchführung von Einsätzen anzuwendenden allgemeinen Führungsgrundsätzen und dem in der FwDV 100 „Führung und Leitung im Einsatz" festgelegten Führungssystem.

Die Ausführungen dieser Broschüre richten sich aber nicht ausschließlich an angehende oder ausgebildete Führungskräfte. Ziel ist es vielmehr, auch den „Geführten" zu erläutern, was denn im Verlauf eines Einsatzes um sie herum abläuft. Dadurch soll ein besseres Verständnis für die Verhaltensweisen, Handlungen und Entscheidungen der „Führenden" erreicht werden.

Sichere und schnelle Einsatzabläufe können nur erreicht werden, wenn neben der Verwendung geeigneter Einsatzmittel und der Anwendung bestimmter Verfahrensweisen auch die Führungs- und Leitungsabläufe auf die Erfordernisse des Einsatzgeschehens abgestimmt sind.

Hinweis: Die vorliegende 4. Auflage wurde komplett überarbeitet, berücksichtigt wurden unter anderem zwischenzeitlich geänderte Feuerwehrdienstvorschriften. Wesentlich erweitert wurden insbesondere die Kapitel Taktische Einheiten, Aufgaben im Lösch- und Hilfeleistungseinsatz, Führungsverhalten (neu: Auftragstaktik), ortsfeste und ortsbewegliche Befehlsstellen, Lagefeststellung, Planung, Befehlsgebung.

Geseke, Mai 2013 Hans Kemper

Inhalt

Vorwort 5

Inhalt 7

1 Einleitung 10

2 Allgemeine Grundsätze 12

2.1 Einsatztechnik und Einsatztaktik 12
2.2 Feuerwehr-Dienstvorschrift FwDV 100 13
2.3 Bedeutung der Einsatzleitung 13
2.4 Gesetzliche Grundlagen 14
2.5 Begriffe 14
2.6 Selbstkontrolle und Testfragen 18

3 Taktische Einheiten 19

3.1 Gliederung 19
3.2 Einsatzwert 30
3.3 Aufgaben der Einsatzkräfte 31
3.3.1 Aufgaben im Löscheinsatz 32
3.3.2 Aufgaben im Hilfeleistungseinsatz 35
3.4 Sitz- und Antreteordnung 36
3.5 Selbstkontrolle und Testfragen 39

4 Führen und Leiten 40

4.1 Führungspersönlichkeit 40
4.2 Führungsverhalten 42
4.2.1 Führungsstil 43
4.2.2 Auftragstaktik 45
4.3 Weisungsbefugnis und Gehorsamspflicht 46
4.4 Selbstkontrolle und Testfragen 48

5 Führungssystem 49

6 Führungsorganisation 51

6.1 Wahrnehmung der Einsatzleitung 51
6.2 Aufgaben des Einsatzleiters 52
6.3 Gliederung der Einsatzleitung 53
6.4 Aufgaben innerhalb der Einsatzleitung 56
6.5 Wahrnehmung der Aufgaben 56
6.6 Befehlsstellen 60
6.6.1 Ortsfeste Befehlsstellen 61
6.6.2 Ortsbewegliche Befehlsstellen 61
6.7 Führungsebenen 63
6.8 Führungsstufen 68
6.9 Selbstkontrolle und Testfragen 69

7 Führungsvorgang 71

7.1 Grundsätze 71
7.2 Lagefeststellung 73
7.2.1 Erkundung durchführen 73
7.2.2 Informationen sammeln 75
7.2.3 Meldungen abgeben 76
7.3 Planung 77
7.3.1 Beurteilung durchführen 78
7.3.2 Entschluss fassen 79
7.4 Befehlsgebung 80
7.4.1 Befehl erteilen 80
7.4.2 Wechsel der Einsatzleitung 82
7.5 Kontrolle 83
7.6 Einsatzabschluss 83
7.7 Dokumentation und Lagedarstellung 84
7.8 Selbstkontrolle und Testfragen 85

8 **Führungsmittel** 87

8.1 Führungsmittel zur Informationsgewinnung 88
8.2 Führungsmittel zur Informationsverarbeitung 89
8.3 Führungsmittel zur Informationsübertragung 91
8.4 Selbstkontrolle und Testfragen 93

9 **Verwendete Abkürzungen** 94

10 **Literatur- und Quellenverzeichnis** 95

Lösungen 96

1 Einleitung

Bei vielen Einsätzen stehen die Einsatz- und Führungskräfte der Feuerwehr vor der Aufgabe, eine vorher so nie aufgetretene Situation zu meistern. Es ist dann erforderlich, dass sie mit den ihnen zur Verfügung stehenden Mitteln Tätigkeiten verrichten, die sich oftmals erst im Laufe des Einsatzes ergeben, und zwar mit einem Ziel, das anfangs nahezu unbekannt ist und sich ständig ändern kann. Das Ganze spielt sich unter Zeitdruck in einer Umgebung ab, die eine Vielzahl von Gefahren beinhaltet.

Für eine wirksame und auch schnelle Gefahrenabwehr ist es deshalb erforderlich, dass die Einsatz- und Führungskräfte die Lage schnell erfassen und beurteilen. Als Grundlage dient hierzu ein spezielles Führungssystem.

Abbildung 1: Einsatzleitung vor Ort! (Quelle: M. Köppelmann, Paderborn)

Diese Verhaltensmerkmale werden unter dem Begriff **Taktik** zusammengefasst. Auf den Einsatz der Feuerwehr bezogen bedeutet Taktik ein zielgerichtetes Einsetzen von Kräften, Mitteln und Verfahrensweisen in Abhängigkeit von der jeweiligen Lage.

Bei dieser **Zielsetzung** ist zu beachten, dass:

- die Rettung von Personen Vorrang vor anderen Einsatzmaßnahmen hat;
- die Personen zuerst gerettet werden, die am stärksten bedroht sind;
- die Rettung von Tieren Vorrang vor dem Schutz von Sachen hat;
- mögliche Auswirkungen auf die Umwelt zu beurteilen sind;
- der Schaden so gering wie möglich gehalten wird.

Bei den **Verfahrensweisen** ist weiterhin zu beachten, dass:

- der Grundsatz der Verhältnismäßigkeit anzuwenden ist;
- die Einsatzschwerpunkte entsprechend den Gefahren zu bilden sind;
- die Bildung von Reserven gesichert ist;
- die Auftragstaktik bevorzugt wird;
- die Befehle entsprechend dem Führungsvorgang erarbeitet werden;
- die Befehle und Meldungen unmissverständlich abgefasst werden.

Bei dem zielgerichteten **Einsetzen und Vorgehen** der Einsatzkräfte ist darüber hinaus zu beachten, dass:

- von Sicherheits- und Unfallverhütungsvorschriften nur dann abgewichen werden darf, wenn es für die Rettung von Personen erforderlich ist;
- auch bei der Rettung von Personen die Risiken für die eingesetzten Kräfte kalkulierbar bleiben müssen;
- ein unkontrollierter oder mit dem Einsatzauftrag nicht übereinstimmender Aufenthalt im Gefahrenbereich nicht geduldet werden darf;
- die verwendeten persönlichen und sonstigen Schutzausrüstungen den vorliegenden Gefahren entsprechen müssen;
- die Rückzugswege für die Einsatzkräfte immer gesichert sein müssen.

2 Allgemeine Grundsätze

Gemäß den Brandschutzgesetzen der Länder haben die Feuerwehren Gefahren abzuwehren, die durch Brände, Explosionen, Überschwemmungen, Unfälle und ähnliche Ereignisse entstehen. Die Durchführung der Gefahrenabwehr wird dabei von der Einsatztechnik und der Einsatztaktik geprägt.

Gefahrenabwehr = **Einsatztechnik** + **Einsatztaktik**

2.1 Einsatztechnik und Einsatztaktik

Die Einsatztechnik wird durch die Verwendung der Einsatzmittel und die Anwendung von Verfahrensweisen bestimmt. Durch die Einsatztaktik werden Entscheidungen zu einem bestimmten Verhalten und Handeln herbeigeführt, um den größtmöglichen Erfolg mit dem geringsten Aufwand zu erreichen.

Die Einsatzkräfte müssen nicht nur die Handhabung bestimmter Geräte, die einwandfreie Durchführung von Einzeltätigkeiten und die Funktionen in einer taktischen Einheit beherrschen, sondern auch taktische Überlegungen berücksichtigen. In bestimmten Gefahrensituationen müssen sie in der Lage sein, weitgehend eigenverantwortlich zu entscheiden und selbständig zu handeln.

Der Einsatzleiter bzw. die Führungskräfte haben die Verantwortung für den Einsatz. Aufgrund ihrer Entscheidungen sollen die richtigen Einsatzmittel zum richtigen Zeitpunkt am richtigen Ort eingesetzt werden. Sie müssen zudem den Einsatzwert der Einsatzkräfte und -mittel sowie die Führungsorganisation und die Führungsmittel kennen und den Ablauf des Führungsvorganges und auch die Grundlagen der Stabsarbeit beherrschen.

Von besonderer Bedeutung sind in diesem Zusammenhang die Feuerwehr-Dienstvorschriften. In ihnen werden sowohl Festlegungen für die Ausbildung und den Einsatz der taktischen Einheiten und der einzelnen Einsatzkräfte getroffen als auch bestimmte Aufgaben der Einsatzleitung beschrieben.

2.2 Feuerwehr-Dienstvorschrift FwDV 100

Die bundeseinheitliche Feuerwehr-Dienstvorschrift FwDV 100 „Führung und Leitung im Einsatz – Führungssystem", Ausgabe: März 1999, regelt die grundsätzlichen Vorgehensweisen im Bereich der Führung. In dieser Feuerwehr-Dienstvorschrift wird ein spezielles Führungssystem beschrieben, das die Führungsorganisation, den Führungsvorgang und die Führungsmittel für die Feuerwehren verbindlich festlegt und erläutert.

Durch die Festlegungen dieser FwDV 100 soll ein dem jeweiligen Schadenereignis bzw. der jeweiligen Gefahrenlage entsprechender fortlaufender Aufbau der Führungsorganisation ermöglicht werden; beginnend bei z.B. einem alltäglichen Einsatz einer taktischen Einheit der Größe einer Gruppe bis zu einem Großeinsatz mit einer großräumigen Schadenlage.

Die Festlegungen der FwDV 100 sollen darüber hinaus die länderübergreifende Zusammenarbeit der verschiedenen Feuerwehren als auch die Zusammenarbeit der Feuerwehren mit anderen Organisationen, Einrichtungen und Behörden gewährleisten.

2.3 Bedeutung der Einsatzleitung

Die Feuerwehren haben bei ihren Einsätzen oftmals die Aufgabe, auf der Grundlage meist unvollständiger Informationen eine oder mehrere Gefahren innerhalb kürzester Zeit zu bekämpfen. Dabei kann sich das Schadenereignis oder die Gefahrenlage auch während des Einsatzes im Umfang und im Gefährdungsgrad weiter ausbreiten oder ursächlich abgeschlossen sein.

Die durch die Feuerwehren durchzuführende Schaden- oder Gefahrenabwehr kann umfangreiche technische und organisatorische Einsatzmaßnahmen erforderlich machen. Die Einsatzleitung hat dabei die Aufgabe, mit Hilfe der unterstellten Einsatzkräfte die zum Schutz der Allgemeinheit und des Einzelnen erforderlichen Maßnahmen zur Begrenzung des Schadens und zur Abwehr der Gefahren zu veranlassen.

2.4 Gesetzliche Grundlagen

Grundlage für die Leitung von Einsätzen zur Gefahrenabwehr sind die gesetzlichen Regelungen, insbesondere das Feuerwehrrecht des jeweiligen Landes. Daraus ergibt sich, wer Einsatzleiter ist und welche Rechte und Pflichten dieser hat. Erfordern Großschadenereignisse die Feststellung des Katastrophenfalls, gehen die Katastrophenschutzgesetze der Länder oder das Zivilschutzgesetz des Bundes dem Feuerwehrrecht der Länder vor.

Hinweis: Dem Einsatzleiter können entsprechend dem jeweiligen Feuerwehrgesetz auch Befugnisse gegenüber Dritten übertragen werden.

2.5 Begriffe

Nachfolgend werden die in den weiteren Kapiteln dieser Broschüre häufig verwendeten Begriffe näher erläutert:

- Der **Ausrückebereich** ist ein festgelegtes Gebiet, für das die Einheiten einer Feuer- oder Rettungswache oder eines Feuerwehrstützpunktes für die Gefahrenabwehr und die Schadenverhütung zuständig sind.
- Die **Befehlsstelle** ist ein an einer großen Einsatzstelle eingerichteter und besonders gekennzeichneter ortsfester oder beweglicher Standort, an dem sich die Einsatzleitung befindet.
- Der **Bereitstellungsraum** ist ein Ort, an dem Einsatzkräfte und Einsatzmittel für den unmittelbaren Einsatz oder vorsorglich gesammelt, gegliedert und bereitgestellt oder in Reserve gehalten werden.
- Das **Brandobjekt** ist eine Sache, die von einem Brand betroffen ist, z.B. ein Gebäude, Gebäudeteile, Fahrzeuge, Gegenstände, Einrichtungen, Anlagen. Es wird durch die Art und Nutzung beschrieben.
- Die **Eingangs- und Ausgangsnachweisung** ist eine Sammlung, Dokumentation und chronologische Registrierung aller ein- und ausgehenden Informationen innerhalb der Einsatzleitung.

- Die **Einheit** ist die gegliederte Zusammenfassung von Einsatzkräften und Einsatzmitteln, die unter einer einheitlichen Führung stehen.
- Der **Einsatzabschnitt** ist ein von der Einsatzleitung nach taktischen Erfordernissen festgelegter Teil oder Aufgabenbereich einer Einsatzstelle. Er kann räumlich begrenzt oder durch die Art der Einsatztätigkeit bestimmt sein.
- Der **Einsatzabschnittsleiter** ist die für die technische und taktische Einsatzdurchführung in einem festgelegten Einsatzabschnitt verantwortliche Führungskraft.
- Die **Einsatzbereitschaft** ist der Zustand von Einsatzkräften und Einsatzmitteln, der den vorgesehenen Einsatz ermöglicht. Die personelle Einsatzbereitschaft bezieht sich auf die Zahl, den Ausbildungsstand und die Belastbarkeit der Einsatzkräfte. Die technische Einsatzbereitschaft bezieht sich auf die Art, den Umfang und den Zustand der Einsatzmittel.
- Die **Einsatzkräfte** sind alle im Einsatz tätigen Angehörigen der Feuerwehr und anderer Organisationen (Rettungsdienst, Technisches Hilfswerk u. Ä.) mit ihren zugehörigen Geräten und alle sonstigen Hilfskräfte.
- Der **Einsatzleiter** ist die für die technische und taktische Einsatzdurchführung gesamtverantwortliche Führungskraft.
- Die **Einsatzleitung** ist die Organisationseinheit, die aus dem Einsatzleiter, den Führungsassistenten und -gehilfen, dem Stabs- und Hilfspersonal sowie den notwendigen Führungsmitteln besteht.
- Die **Einsatzmittel** sind alle Einrichtungen, Fahrzeuge, Geräte und Materialien, die die Einsatzkräfte zu ihrer Auftragserfüllung benötigen. Einrichtungen in diesem Sinne sind ortsgebundene Anlagen zur Führung, Versorgung und Unterbringung.
- Der **Einsatzraum** ist das einer taktischen Einheit zugewiesene Gebiet, in dem diese Einheit tätig wird.
- Der **Einsatzschwerpunkt** ist die Stelle der Gefahrenabwehr, an der durch Zusammenfassung von Einsatz- und Hilfskräften sowie Einsatzmitteln ein nachhaltiger Erfolg erzielt werden soll.

- Die **Einsatzstelle** ist der Ort bzw. das Objekt, an dem die Einsatzkräfte bei Bränden, Unglücksfällen und sonstigen Notständen tätig werden. Die Einsatzstelle kann in Einsatzabschnitte unterteilt werden.
- Das **Einsatztagebuch** ist der schriftliche Nachweis über die Tätigkeit der Einsatzleitung. Im Einsatztagebuch ist der Einsatzablauf in zeitlicher Folge aufzuzeichnen.
- Die **Fernmeldeskizze** ist eine bildliche Darstellung der Fernmeldeverbindungen mit Angabe der wichtigsten technischen und betrieblichen Eigenschaften. Sie dient der Darstellung der fernmeldetechnischen Erreichbarkeiten gleichrangiger, vorgesetzter und nachgeordneter Stellen.
- Die **Führungsassistenten** sind Führungskräfte, die den Einsatzleiter oder eine andere verantwortliche Führungskraft bei deren Führungsaufgaben innerhalb einer Führungseinheit unterstützen (z.B. Leiter des Stabes, Sachgebietsleiter S 1 bis S 6, Sichter o. Ä.).
- Das **Führungshilfspersonal** sind Einsatzkräfte, die den Einsatzleiter oder die Führungsassistenten bei deren Führungsaufgabe innerhalb einer Führungseinheit oder -einrichtung unterstützen (z.B. Lagekartenführung, Einsatztagebuchführung, Sprechfunk u.Ä.).
- Der **Funkplan** ist eine tabellarische Aufstellung aller im Einsatz befindlichen Funkgeräte und -anlagen mit Angaben über Dienststellen, Rufnamen, Betriebskanäle, Gegenstellen und Verkehrsarten.
- Der **Gefahrenbereich** ist der örtliche Bereich, in dem Gefahren für Leben, Gesundheit, Umwelt und Sachen erkennbar sind oder aufgrund fachlicher Erfahrung vermutet werden.
- Das **Großschadensereignis** ist ein Ereignis mit einer so großen Zahl geschädigter Personen und/oder in Mitleidenschaft gezogener Sachwerte, das die Gefahrenabwehr nur bewältigt werden kann, wenn alle eingesetzten Kräfte unter einer verantwortlichen Leitung stehen.
- Die **Hilfskräfte** sind Personen, die vorübergehend, gegebenenfalls mit Geräten und Ausrüstungen, zur Bewältigung von Einsatzaufgaben herangezogen werden. Sie müssen dafür nicht besonders ausgebildet sein.

- Die **Hilfsorganisationen** sind öffentlich- oder privatrechtlich organisierte Vereinigungen von Personen, die sich zur Mitwirkung im Zivil- und Katastrophenschutz verpflichtet haben.
- Die **Lagekarte** ist die verkleinerte Abbildung der örtlichen Verhältnisse an der Einsatzstelle mit der Darstellung aller wesentlichen Maßnahmen zur Abwehr und Beseitigung der vorhandenen Gefahren und Schäden.
- Die **Leitstelle** ist eine ständig besetzte Einrichtung zur Annahme von Meldungen sowie zum Alarmieren, Koordinieren und Lenken von taktischen Einheiten oder Einsatzkräften. Sie unterstützt die Einsatzleitung.
- Die **Mannschaft** sind die für die Einsatzaufgaben ausgebildeten Einsatz- und Führungskräfte.
- Die **Nachalarmierung** ist eine Meldung an die Leitstelle, mit der weitere Einsatzkräfte und/oder -mittel zur Einsatzstelle nachgefordert werden.
- Die **Reserven** sind die Einsatzkräfte und Einsatzmittel, die zur Abwehr unerwarteter Gefahren oder zur Ablösung von bereits eingesetzten Kräften bereitgehalten werden.
- Die **Sammelstellen** sind Orte in der Nähe einer Einsatzstelle, außerhalb des Gefahrenbereiches, an der gerettete, in Sicherheit gebrachte und geborgene Personen, Tiere und Sachen versorgt und/oder registriert werden (z.B. Verletztensammelstelle).
- **Die Schadenereignisse** werden durch den Umfang und die Ursache des Einsatzes, die genaue Lage des Einsatzorts, dessen Zustand sowie die Anzahl und den Zustand der betroffenen Personen bestimmt.
- Das **Schadengebiet** ist ein in sich geschlossenes und zusammengehörendes Gebiet, in dem sich auch mehrere Einsatzstellen befinden können oder dem mehrere Einsatzräume zugewiesen sind, in dem überörtliche oder regionale Maßnahmen zur Gefahrenabwehr ergriffen werden müssen.
- Der **Stab** ist eine Einrichtung mit vorgegebener Organisationsform zur Beratung eines Verantwortlichen. Er hat in der Regel kein Weisungsrecht.
- Die **Taktischen Zeichen** sind grafische Symbole zur Darstellung von Einheiten, Einrichtungen, Personen, Einsatzmaßnahmen, Gefahren und Schäden in Lagekarten und anderen taktischen Zeichnungen.

2.6 Selbstkontrolle und Testfragen

(Lösungen siehe Seite 96)

1. Wodurch wird die Durchführung der Gefahrenabwehr geprägt?

a) Durch die Einsatztaktik
b) Durch die Einsatzhäufigkeit
c) Durch die Einsatztechnik
d) Durch das Einsatzvermögen
e) Durch den Einsatztag

2. Welche Aussagen zur FwDV 100 sind richtig?

a) Es wird ein Führungssystem beschrieben.
b) Die Führungsorganisation wird festgelegt.
c) Der Führungsvorgang wird erläutert.
d) Es wird eine Führungsdauer vorgegeben.
e) Es werden Führungsmittel erläutert.

3. Was ist ein „Einsatzraum"?

a) Ein Raum, in dem sich Einsatzkräfte für das Ausrücken zu einem Einsatz bereithalten
b) Das zugewiesene Gebiet, in dem eine taktische Einheit oder ein Verband tätig wird
c) Der Raum, an dem Einsatzkräfte und -mittel für den unmittelbaren Einsatz gesammelt, gegliedert und bereitgestellt werden

4. Welche Personengruppen gehören zu den „Einsatzkräften"?

a) Die im Einsatz tätigen Angehörigen der Feuerwehr
b) Die im Einsatz tätigen Angehörigen der Polizei
c) Nur die zur Brandbekämpfung eingesetzten Personen
d) Die im Einsatz tätigen Hilfskräfte
e) Die im Einsatz tätigen Angehörigen des Technischen Hilfswerks

3 Taktische Einheiten

Unter dem Begriff „Taktische Einheiten“ werden im Bereich der Feuerwehr die Einsatz- und Führungskräfte (= Mannschaft) und die zugehörigen Fahrzeuge und Geräte (= Einsatzmittel) zusammengefasst. Die taktischen Einheiten dienen der Ordnung an einer Einsatzstelle nach Verantwortungs- und Aufgabenbereichen. Sie haben zur Bewältigung bestimmter Einsatzaufgaben eine festgelegte Mannschaftsstärke und Ausstattung mit Einsatzmitteln und sind somit in der Lage einen ihrer Größe entsprechenden Einsatzauftrag selbstständig abzuarbeiten. Taktische Einheiten können sowohl selbstständig oder auch als Teil größerer Gliederungen zum Einsatz kommen.

3.1 Gliederung

Die taktischen Einheiten der Feuerwehr werden entsprechend ihrer Mannschaftsstärke gemäß der Feuerwehr-Dienstvorschrift FwDV 3 „Einheiten im Lösch- und Hilfeleistungseinsatz“ wie folgt geordnet und bezeichnet:

selbstständiger Trupp	Staffel	Gruppe	Zug	Verband

Die Mannschaft gliedert sich in die Einsatz- und Führungskräfte. Die Mannschaftsstärke sowie die Art und der Umfang der Geräte ergeben sich aus den Festlegungen in den jeweiligen Feuerwehr-Dienstvorschriften. Als taktische Grundeinheit der Feuerwehren ist die Gruppe vorgesehen. Die Führer der jeweiligen taktischen Einheit werden Truppführer, Staffelführer, Gruppenführer, Zugführer und Verbandführer genannt.

Die Mannschaftsstärken der taktischen Einheiten sind einheitlich festgelegt und immer gleich. Die Art und der Umfang der Geräte können aber unterschiedlich und auf die jeweilige Einsatzart (z.B. Brandbekämpfung oder Hilfeleistung) sein. Dadurch kann sich bei gleicher Bezeichnung einer taktischen Einheit ein unterschiedlicher Einsatzwert ergeben.

In Einsatzplänen und sonstigen Unterlagen der Feuerwehr können die taktischen Einheiten sowie die Funktionen innerhalb der taktischen Einheiten durch graphische Darstellungen (taktische Zeichen) dargestellt werden.

Tabelle 1: Taktische Einheiten und Funktionen in den Einheiten

Symbol[1]	Funktion[2]	Symbol[1]	Funktion[2]
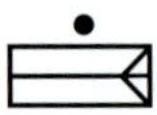	selbstständiger Trupp		Schlauchtruppmann
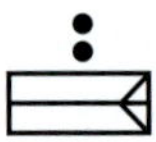	Staffel		Schlauchtruppführer
	Gruppe	 Ma	Maschinist oder Fahrer
	Zug	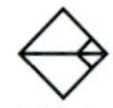 Me	Melder
	Truppmann		Truppführer (eines selbstständigen Trupps)
	Angriffstruppmann		Staffelführer
	Angriffstruppführer		Gruppenführer
	Wassertruppmann		Zugführer
	Wassertruppführer	EL 	Einsatzleiter

[1] Die Symbole entsprechen den Vorgaben der FwDV 100. Zur besseren Kenntlichmachung wurden sie in dieser Tabelle und den folgenden Abbildungen zusätzlich farblich hinterlegt.

[2] Die Funktionsbezeichnungen gelten sowohl für weibliche als auch für männliche Feuerwehrangehörige.

■ Der Trupp

Der Trupp ist die kleinste Einheit und besteht in der Regel aus zwei Einsatzkräften, einem Truppführer und einem Truppmann. Dieser Trupp ist immer Bestandteil einer größeren taktischen Einheit z.B. als Angriffs-, Wasser- oder Schlauchtrupp innerhalb dieser taktischen Einheit. Er wird deshalb nicht zum eigenständigen Durchführen bestimmter Einsatzaufgaben eingesetzt.

■ Der selbstständige Trupp gemäß FwDV 3

Der selbstständige Trupp ist eine taktische Einheit zum eigenständigen Durchführen bestimmter Einsatzaufgaben. Die Mannschaft besteht aus:

Truppführer	1		
Maschinist		1	
Truppmann		1	
Mannschaftsstärke:	**1/**	**2/**	**3**

Im Unterschied zu einem aus zwei Einsatzkräften bestehenden Trupp handelt es sich bei einem selbstständigen Trupp um eine taktische Einheit, die **eigenständig** eingesetzt werden kann. Für den Truppführer eines selbstständigen Trupps ist gemäß FwDV 2 „Ausbildung der Freiwilligen Feuerwehren" eine Ausbildung zum Gruppenführer erforderlich.

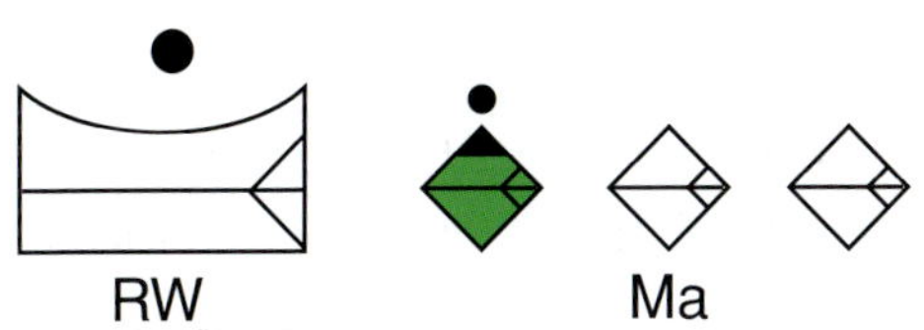

Abbildung 2: Ein selbstständiger Trupp mit einem Rüstwagen RW zur Durchführung einer technischen Hilfeleistung

Von einem selbstständigen Trupp kann z.B. ein Rüst- oder Gerätewagen, ein Tanklöschfahrzeug oder eine Drehleiter besetzt werden. Ein derartiger Trupp ist durchaus in der Lage, Einsätze wie z.B. die Beseitigung von ausgelaufenem Kraftstoff bei Verkehrsunfällen, die Beleuchtung einer Einsatzstelle oder Kleinbrände eigenständig zu bewältigen, sofern keine zusätzlichen Tätigkeiten wie z.B. Sicherung der Einsatzstelle, Aufbau der Wasserversorgung, Vorgehen unter Atemschutz o.Ä. erforderlich sind.

■ Die Staffel gemäß FwDV 3

Die Staffel ist eine taktische Einheit zum eigenständigen Durchführen bestimmter Einsatzaufgaben. Die Mannschaft besteht aus:

Staffelführer	1		
Maschinist		1	
Angriffstrupp		2	
Wassertrupp		2	
Mannschaftsstärke:	**1/**	**5/**	**<u>6</u>**

Bei vielen Feuerwehren ist aufgrund des oftmals mangelnden Personals die Staffel die tatsächlich eingesetzte „Standardeinheit“ der Feuerwehr. Bei Bedarf können auch zwei selbstständige Trupps zu einer Staffel zusammengefasst werden. Für den Staffelführer ist gemäß FwDV 2 „Ausbildung der Freiwilligen Feuerwehren“ eine Ausbildung zum Gruppenführer erforderlich.

Von einer Staffel kann z.B. ein Kleinlöschfahrzeug, ein Tragkraftspritzenfahrzeug oder ein Staffellöschfahrzeug besetzt werden. Für die Bekämpfung von kleineren Bränden, die durch die Vornahme von zwei Strahlrohren gelöscht werden können oder für einfache technische Hilfeleistungen kann eine Staffel schon ausreichend sein. Diese Tätigkeiten können auch unter Verwendung von Atemschutzgeräten (Pressluftatmer) bei gleichzeitiger Bereitstellung eines Sicherheitstrupps durchgeführt werden.

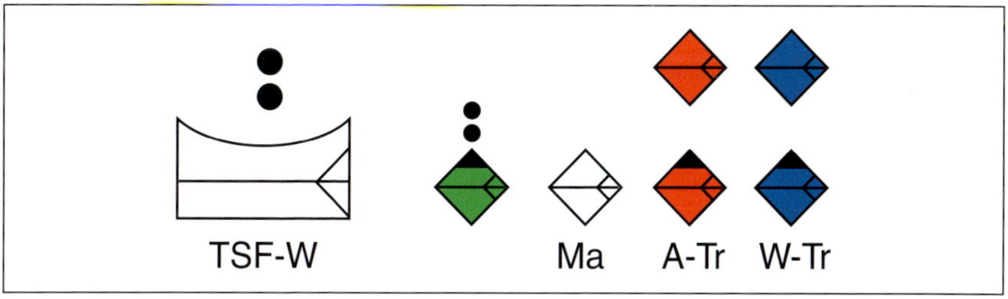

Abbildung 3: Eine Staffel mit einem Tragkraftspritzenfahrzeug TSF-W für das Löschen eines Kleinbrandes

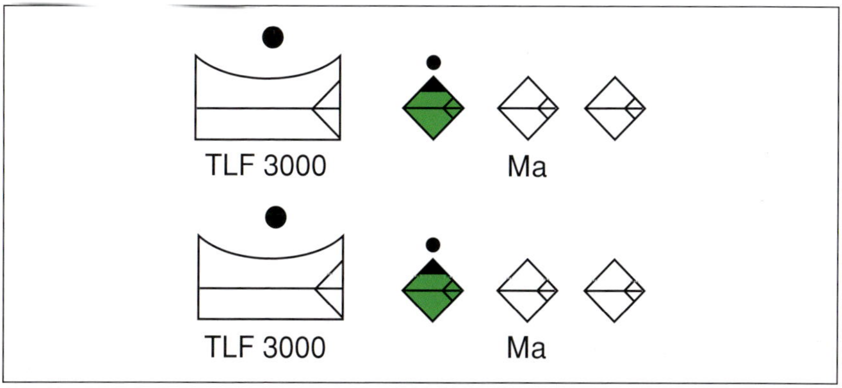

Abbildung 4: Eine Staffel, bestehend aus zwei selbstständigen Trupps, mit zwei Tanklöschfahrzeugen TLF 3000 für das Löschen eines Flächenbrandes

Der in der FwDV 3 „Einheiten im Lösch- und Hilfeleistungseinsatz“ beschriebene Einsatzablauf ist grundsätzlich auf die Mannschaftsstärke einer Gruppe ausgelegt, die zur Erfüllung der Ersteinsatzmaßnahmen immer noch als notwendig angesehen wird. Steht im Einzelfall keine ausreichende Anzahl von Einsatzkräften zur Verfügung, wird zuerst auf den Melder und dann auf den Schlauchtrupp vorübergehend verzichtet und somit eine Staffel als taktische Einheit eingesetzt.

■ Die Gruppe gemäß FwDV 3

Die Gruppe ist die taktische Grundeinheit der (Freiwilligen) Feuerwehr. Sie ist eine Einheit zum eigenständigen Durchführen bestimmter Einsatzaufgaben. Die Mannschaft besteht aus:

Gruppenführer	1		
Maschinist		1	
Melder		1	
Angriffstrupp		2	
Wassertrupp		2	
Schlauchtrupp		2	
Mannschaftsstärke:	**1/**	**8/**	**9**

Es können auch eine Staffel und ein selbstständiger Trupp zu einer Gruppe zusammengefasst werden. Dabei stellt der selbstständige Trupp in der Regel den Schlauchtrupp und den Melder. Es können aber auch drei selbstständige Trupps zu einer Gruppe zusammengefasst werden. Für den Gruppenführer ist gemäß FwDV 2 „Ausbildung der Freiwilligen Feuerwehren“ eine entsprechende Ausbildung erforderlich.

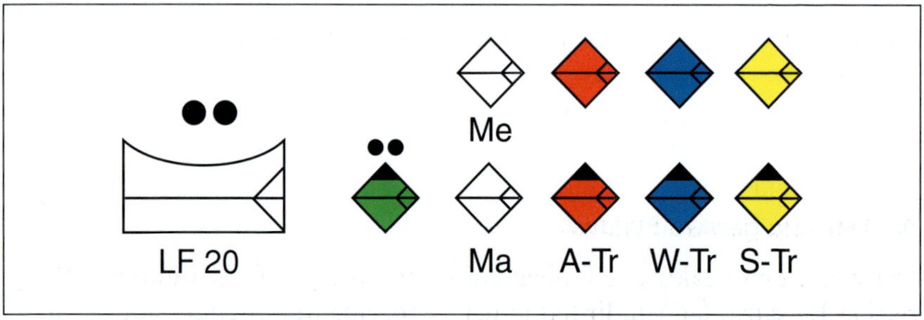

Abbildung 5: Eine Gruppe mit einem Löschgruppenfahrzeug LF 20 für die Vornahme von drei C-Rohren im Löscheinsatz

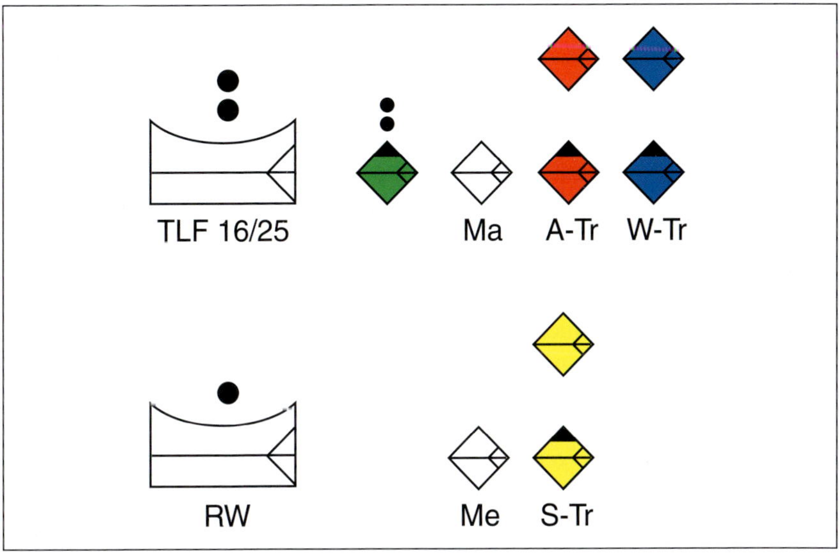

Abbildung 6: Eine Gruppe mit einem Tanklöschfahrzeug TLF 16/25 und einem Rüstwagen RW für einen Einsatz bei einem Verkehrsunfall

Von einer Gruppe werden Löschgruppen- oder Hilfeleistungs-Löschgruppenfahrzeuge besetzt. Die Gruppe kann z. B. zur Rettung von eingeklemmten Personen bei Verkehrsunfällen, zur Rettung von Personen über tragbare Leitern oder zur Bekämpfung von Mittelbränden mit zwei oder drei Strahlrohren eingesetzt werden. Diese Tätigkeiten können auch unter Verwendung von Atemschutzgeräten (Pressluftatmer) bei gleichzeitiger Bereitstellung eines Sicherheitstrupps durchgeführt werden.

■ Der Zug gemäß FwDV 3

Der Zug ist eine taktische Einheit zur eigenständigen Durchführen umfangreicher Einsatzaufgaben. Er hat in der Regel eine Mannschaftsstärke von 22 Personen und besteht aus dem Zugführer, dem Zugtrupp und aus einer bestimmten Anzahl von Gruppen, Staffeln und/oder selbstständigen Trupps.

Der Zugtrupp ist die dem Zugführer unterstellte Führungseinheit des Zuges. Er besteht aus:

Führungsassistent	1		
Melder		1	
Fahrer		1	
Mannschaftsstärke:	**1/**	**2/**	**<u>3</u>**

Der Führungsassistent (auch Gruppenführer z.b.V. genannt) ist der Stellvertreter des Zugführers und muss deshalb über eine entsprechende Ausbildung – d.h. mindestens Ausbildung zum Gruppenführer verfügen.

Der Zug kann für die eigenständige Durchführung von Einsätzen größeren Umfangs eingesetzt werden, wenn z.B. bei einem Einsatz mehr als drei Strahlrohre zur Brandbekämpfung erforderlich sind oder bei umfangreichen Rettungsmaßnahmen oder technischen Hilfeleistungen, wenn Arbeiten zu erledigen sind, die die Mannschaft und Ausrüstung einer Gruppe allein überfordern. Dabei können die Gruppen entsprechend der folgenden Einsatzformen eingesetzt werden:

- **Geschlossen**, z.B. beim Einsatz eines Sprungtuches
- **Getrennt** mit jeweils eigenem Abschnitt, z.B.
  1. Gruppe Menschenrettung an der Vorderseite des Gebäudes,
  2. Gruppe Brandbekämpfung an der Rückseite des Gebäudes
- **Nebeneinander** von nur einem Löschgruppenfahrzeug aus, z.B.
  1. Gruppe Brandbekämpfung an der Westseite des Gebäudes,
  2. Gruppe Brandbekämpfung an der Ostseite des Gebäudes
- **Hintereinander**, z.B.
  1. Gruppe Brandbekämpfung,
  2. Gruppe Löschwasserversorgung für die zur Brandbekämpfung eingesetzte Gruppe

Besondere Lagen erfordern u.U. die Verstärkung des Zuges um einen selbstständigen Trupp. Der so verstärkte Zug wird als **erweiterter Zug** bezeichnet. So kann z.B. bei der Lage „Verkehrsunfall – Menschenleben in Gefahr“ im Zugverband ein Rüstwagen mit ausrücken.

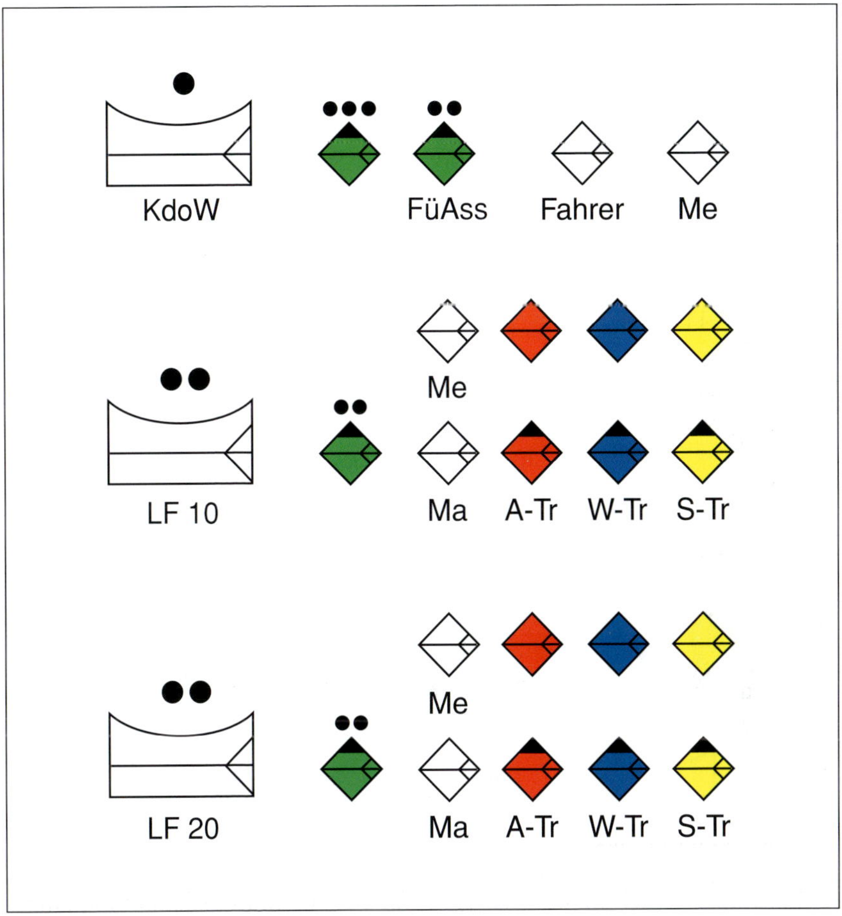

Abbildung 7: Ein Zug mit einem Einsatzleitfahrzeug KdoW, einem Löschgruppenfahrzeug LF 10 und einem Löschgruppenfahrzeug LF 20 für einen umfassenden Löschangriff

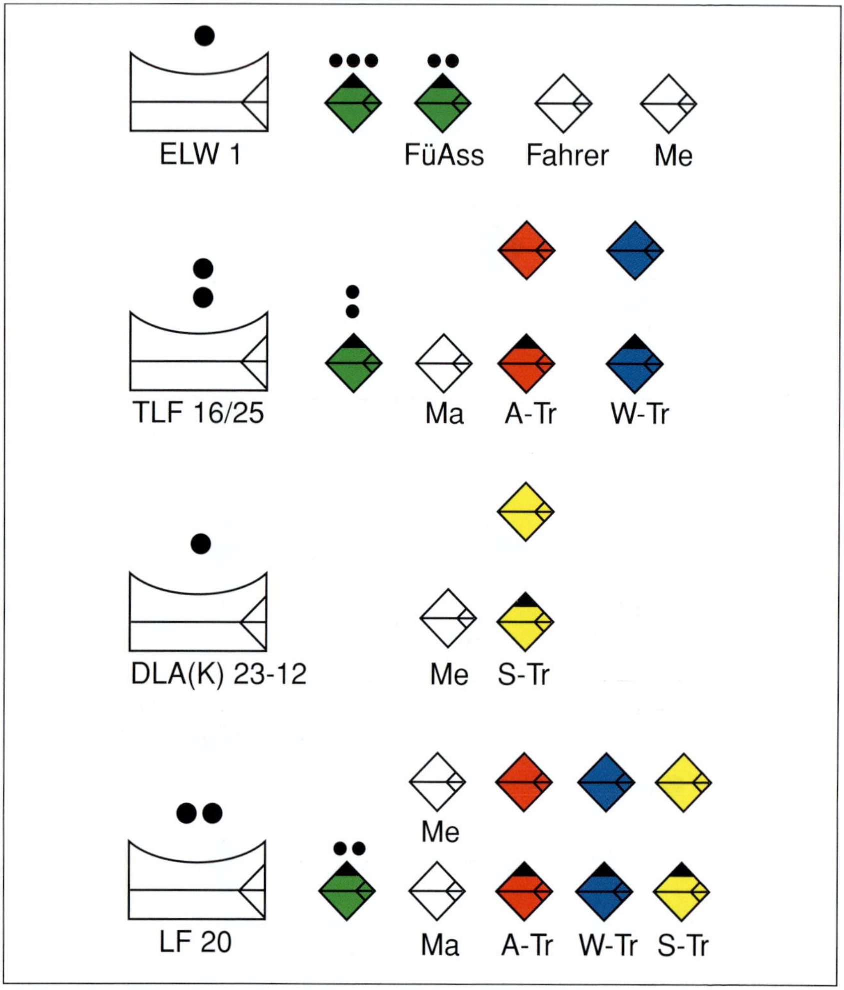

Abbildung 8: Ein Zug mit einem Einsatzleitfahrzeug ELW 1, einem Tanklöschfahrzeug TLF 16/25, einer Drehleiter DLA (K) 23-12 und einem Löschgruppenfahrzeug LF 20 für die Menschenrettung und Brandbekämpfung im getrennten Einsatz

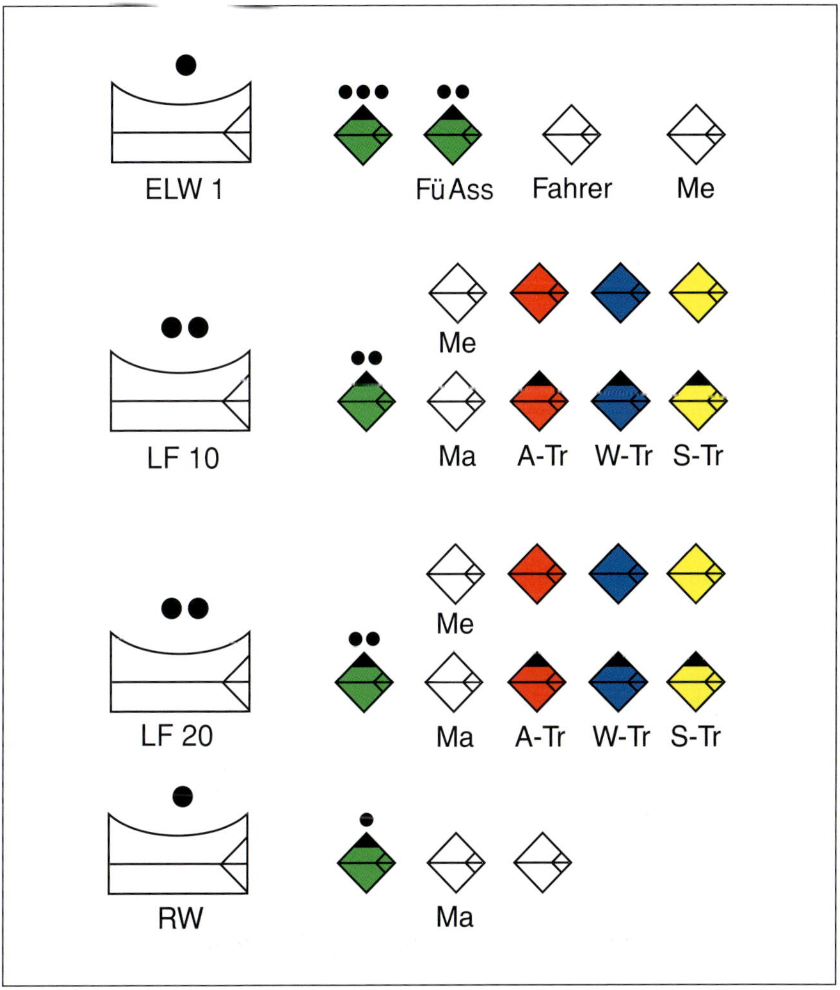

Abbildung 9: Ein erweiterter Zug mit einem Einsatzleitfahrzeug ELW 1, zwei Löschgruppenfahrzeugen und einem Rüstwagen RW

■ Der Verband

Eine einheitliche organisatorische Gliederung von Feuerwehreinheiten oberhalb der Ebene des erweiterter Zuges sowie eine einheitliche Benennung derartiger Einheiten ist nicht verbindlich geregelt oder festgelegt, obwohl dies für die Beherrschung von großen Schadenlagen durchaus notwendig ist.

In der FwDV 100 „Führung und Leitung im Einsatz – Führungssystem“ wird der Verband jedoch dargestellt als eine Einheit bestehend aus:

- einem Einsatzleiter,
- einer Führungsstaffel,
- einem Zug und
- mindestens einer Gruppe.

3.2 Einsatzwert

Je nach Art der Fahrzeug- und Geräteausstattung wird eine taktische Einheit mehr zur Durchführung eines Löscheinsatzes oder mehr zur Durchführung eines Rettungs- oder Hilfeleistungseinsatzes geeignet sein. Beide Einsatzarten schließen insbesondere das Retten oder den Schutz von Personen ein.

- Ein **Löscheinsatz** ist jede Tätigkeit der Feuerwehr, bei der Strahlrohre vorgenommen werden; z. B. der Löschangriff bei einem Brandeinsatz, die Vornahme von Strahlrohren zum Schutz von Personen oder zum Schutz gefährdeter Objekte durch Abriegeln sowie das Niederschlagen, Abdrängen oder Verwirbeln gefährlicher Gase und Dämpfe.
- Der **Rettungs- und Hilfeleistungseinsatz** umfasst alle Maßnahmen der Feuerwehr zur Abwendung von Gefahren für Leben, Gesundheit oder Sachen, die aus Explosionen, Überschwemmungen, Unfällen oder ähnlichen Ereignissen entstehen.

Eine genaue Aussage über den Einsatzwert einer taktischen Einheit ist aber nur dann möglich, wenn man:

- ihre personelle und materielle Stärke,
- den Ausbildungsstand der Einsatzkräfte,
- die Art, den Umfang und den Zustand ihrer Ausstattung,
- ihre Ausstattung mit Führungsmitteln,
- die Leistungsfähigkeit ihrer Führungskräfte,
- die körperliche Verfassung der Einsatzkräfte und
- den Stand ihrer Versorgung

in Beziehung setzt

- zum Schadensumfang,
- zum Einsatzauftrag,
- zu den örtlichen Verhältnissen und dem Straßennetz,
- zum Wetter, der Tages- und Jahreszeit und
- zum Verhalten der Betroffenen und der Bevölkerung.

Die richtige Einschätzung des Einsatzwertes ist eine wesentliche Aufgabe der Einsatzleitung im Rahmen des Führungsvorganges.

3.3 Aufgaben der Einsatzkräfte

Obwohl sich jeder Brand und jeder sonstige Einsatz voneinander unterscheiden, gibt es doch Tätigkeiten, die sich bei allen gleichartigen Einsätzen wiederholen. Um bei der Abwicklung eines Einsatzes keine Zeit zu verlieren, werden jeder Einsatzkraft durch den Einsatzleiter bestimmte Aufgabenbereiche zugeteilt, mit denen sie so vertraut sein muss, dass die entsprechenden Handlungen weitgehend automatisch verrichtet werden. Dieses automatische Handeln ist eine der wichtigen Voraussetzungen für eine zügige und auch erfolgreiche Einsatzdurchführung.

Um den Feuerwehren eine einheitliche Anleitung für ihr Handeln zu geben, wurden die unterschiedlichen Feuerwehr-Dienstvorschriften erlassen. Darin sind die Einteilungen der Mannschaft, die Aufgaben und die erforderlichen Ausrüstungen verbindlich festgelegt.

3.3.1 Aufgaben im Löscheinsatz (gemäß FwDV 3)

In der FwDV 3 „Einheiten im Lösch- und Hilfeleistungseinsatz" sind die Grundlagen für das Vorgehen einer Gruppe, einer Staffel oder eines selbstständigen Trupps bei einem Löscheinsatz beschrieben. Die Aufgaben der einzelnen Einsatzkräfte gliedern sich wie folgt:

- Der **Einheitsführer** leitet den Einsatz seiner taktischen Einheit und ist dabei an keinen bestimmten Platz gebunden. Er bestimmt die Fahrzeugaufstellung und ist bei allen Einsatzmaßnahmen für die Sicherheit seiner Mannschaft verantwortlich.
- Der **Maschinist** fährt das Einsatzfahrzeug und bedient die Pumpe sowie die Sonderaggregate. Er sichert die Einsatzstelle mit den Warneinrichtungen seines Einsatzfahrzeuges, unterstützt bei der Entnahme der Geräte, beim Aufbau der Löschwasserversorgung und auf Befehl des Einheitsführers bei der Atemschutzüberwachung. Nach Abschluss der Einsatzmaßnahmen ist er für die ordnungsgemäße Verlastung der Geräte verantwortlich und meldet Mängel an den Einheitsführer.
- Der **Melder** übernimmt die durch den Einheitsführer befohlenen Aufgaben, z.B. bei der Feststellung der Lage, beim In-Stellung-Bringen einer Steckleiter, bei der Betreuung von betroffenen Personen und bei der Übermittlung von Nachrichten und sonstigen Informationen.
- Der **Angriffstrupp** rettet, insbesondere aus Bereichen, die nur noch mit Atemschutzgeräten (Pressluftatmer) betreten werden können. Er nimmt in der Regel das erste einzusetzende Strahlrohr vor. Hierzu setzt er den Verteiler und verlegt auch die Schlauchleitung vom Verteiler zum Strahlrohr, wenn kein Schlauchtrupp zur Verfügung steht.
- Der **Wassertrupp** rettet bei Bedarf und auf Befehl ebenfalls. Er stellt die Wasserversorgung von der Pumpe zum Verteiler und von der Pumpe zur Löschwasserentnahmestelle her. Er bringt auf Befehl des Einheitsführers und mit Unterstützung durch den Melder oder den Schlauchtrupp tragbare Leitern in Stellung. Danach wird er bei einem Atemschutzeinsatz Sicherheitstrupp für den bereits eingesetzten Angriffstrupp oder übernimmt auf Befehl des Einheitsführers andere Aufgaben.

- Der **Schlauchtrupp** rettet bei Bedarf und auf Befehl ebenfalls. Er stellt für die vorgehenden Trupps die Wasserversorgung zwischen den Strahlrohren und dem Verteiler her. Er bringt auf Befehl des Einheitsführers und mit Unterstützung durch den Melder oder den Wassertrupp tragbare Leitern in Stellung. Danach übernimmt er auf Befehl des Einheitsführers andere Aufgaben, wie z.B. Verteiler bedienen, Sprungpolster, Beleuchtungsgerät, Belüftungsgerät, Sanitätsgerät usw. zum Einsatz bringen.

Fehlen zunächst Einsatzkräfte innerhalb einer Gruppe oder handelt es sich um den Einsatz einer Staffel oder eines selbstständigen Trupps, müssen einige der genannten Aufgaben von anderen Einsatzkräften übernommen werden. Es wird zuerst auf den Melder, dann auf den Schlauchtrupp und schließlich auch auf den Wassertrupp vorübergehend verzichtet.

Hinweis: Ein Innenangriff unter Verwendung von Atemschutzgeräten kann aber nur durchgeführt werden, wenn eine Gruppe oder eine Staffel einsatzbereit an der Einsatzstelle zur Verfügung steht. Die Mannschaft eines selbstständigen Trupps reicht hierfür nicht aus.

Ist die Lage von Anfang an übersichtlich und der Führungsvorgang abgeschlossen, wird von dem Einheitsführer ein Einsatz **ohne Bereitstellung** befohlen. Der Einsatzbefehl enthält in diesem Fall folgende Angaben:

Wasserentnahmestelle	Wasserentnahmestelle …
Lage des Verteilers	Verteiler …
Einheit	Angriffstrupp:
Auftrag	zur …
Mittel	mit 1. Rohr
Ziel	zum/auf o. Ä.
Weg	über/durch o. Ä.
	vor!

Die Einsatzkräfte übernehmen dann ihre Aufgaben einschließlich der unmittelbaren Brandbekämpfung.

Wenn die Lage noch nicht soweit erkundet werden konnte, dass Einsatzmittel, Einsatzziel und Einsatzweg bestimmt werden können oder für die Lageerkundung viel Zeit benötigt wird, die aber für den Aufbau der Löschwasserversorgung genutzt werden soll, wird von dem Einheitsführer zunächst ein Einsatz **mit Bereitstellung** befohlen. Der Einheitsführer legt zunächst den Fahrzeugstandort fest. Der Einsatzbefehl enthält dann:

Wasserentnahmestelle	Wasserentnahmestelle ...
Lage des Verteilers	Verteiler ...
	Zum Einsatz fertig!

Die Einsatzkräfte warten in diesem Fall, nachdem die Löschwasserversorgung aufgebaut ist, am Verteiler auf weitere Befehle.

Die FwDV 3 regelt auch die Aufgaben eines Zuges bei einem Löscheinsatz. Der Zugführer teilt den einzelnen Gruppen ihre Aufgaben zu, die diese dann weitgehend selbstständig durchführen können. Der Zug kann aber auch gemeinsam mit anderen taktischen Einheiten unter Leitung eines übergeordneten Einsatz- oder Einsatzabschnittsleiters eingesetzt werden. Der Zugführer führt dann seinen Zug zur Erfüllung des zugewiesenen Auftrags.

Die Aufgaben der einzelnen Einsatzkräfte gliedern sich wie folgt:

- Der **Zugführer** führt den Zug im Einsatz und ist dabei an keinen bestimmten Platz gebunden, jedoch über seine Befehlsstelle erreichbar.
- Der **Führungsassistent** führt Aufträge auf Befehl des Zugführers aus und ist Vertreter des Zugführers.
- Der **Melder** ist für die Übertragung von Nachrichten und sonstigen Informationen zuständig. Er übernimmt die durch den Zugführer befohlenen weiteren Aufgaben.

- Der **Fahrer** fährt das Einsatzleitfahrzeug und übernimmt die durch den Zugführer befohlenen weiteren Aufgaben. Fehlt ein Melder, übernimmt der Fahrer dessen Aufgaben.
- Die **1. Gruppe** arbeitet entsprechend der Vorgaben der FwDV 3.
- Die **2. Gruppe** arbeitet entsprechend der Vorgaben der FwDV 3.

3.3.2 Aufgaben im Hilfeleistungseinsatz (gemäß FwDV 3)

In der FwDV 3 „Einheiten im Lösch- und Hilfeleistungseinsatz" sind die Grundlagen für das Vorgehen einer Gruppe, einer Staffel oder eines selbstständigen Trupps bei einem Hilfeleistungseinsatz beschrieben. Die Gruppe umfasst drei Einsatztrupps, deren Bezeichnung denen der Gruppe im Löscheinsatz entsprechen. Im Hilfeleistungseinsatz übernimmt:

- der Angriffstrupp die Aufgaben der **Rettung,**
- der Wassertrupp die Aufgaben der **Sicherung** und
- der Schlauchtrupp die Aufgaben der **Gerätebereitstellung.**

Die Aufgaben der einzelnen Einsatzkräfte gliedern sich wie folgt:

- Der **Einheitsführer** leitet den Einsatz seiner taktischen Einheit und ist dabei an keinen bestimmten Platz gebunden. Er bestimmt die Fahrzeugaufstellung, die Ordnung des Raumes und gegebenenfalls die Standorte der Aggregate. Er ist darüber hinaus bei allen Einsatzmaßnahmen für die Sicherheit seiner Mannschaft verantwortlich.
- Der **Maschinist** fährt das Einsatzfahrzeug und bedient die Aggregate. Er sichert die Einsatzstelle mit den Warneinrichtungen seines Einsatzfahrzeuges und unterstützt bei der Entnahme der Einsatzmittel. Nach Abschluss der Einsatzmaßnahmen ist er für die ordnungsgemäße Verlastung der Geräte verantwortlich und meldet Mängel an den Einheitsführer.
- Der **Melder** übernimmt die durch den Einheitsführer befohlenen Aufgaben, z.B. bei der Feststellung der Lage, beim In-Stellung-Bringen von

Einsatzmitteln, bei der Betreuung von betroffenen Personen und bei der Übermittlung von Nachrichten und sonstigen Informationen.

- Der **Angriffstrupp** rettet, führt bis zur Übergabe an den Rettungsdienst die Erstversorgung (mindestens Erste Hilfe) von verletzten Personen durch und leistet technische Hilfe. Steht der Schlauchtrupp nicht zur Verfügung, bringt der Angriffstrupp seine Einsatzmittel selbst vor.
- Der **Wassertrupp** sichert auf Befehl des Einheitsführers gegen Gefahren wie z.B. gegen fließenden Verkehr, Brandgefahr, herabfallende Teile, Dunkelheit und gefährliche Stoffe und nimmt die hierfür erforderlichen Einsatzmittel vor. Danach steht er für weitere Aufgaben zur Verfügung.
- Der **Schlauchtrupp** bereitet die befohlenen Geräte für den Angriffstrupp vor, unterstützt – soweit erforderlich – den Angriffstrupp und betreibt die Aggregate. Ist der Angriffstrupp durch die Erstversorgung verletzter und/oder eingeklemmter Personen gebunden, setzt der Schlauchtrupp die befohlenen Einsatzmittel ein. Auf Befehl des Einheitsführers übernimmt er zusätzliche Sicherungsmaßnahmen oder andere Aufgaben.

3.4 Sitz- und Antreteordnung

Eine taktische Einheit rückt mit Einsatzfahrzeugen mit Gruppen-, Staffel- oder Truppkabine aus. Die Sitzordnung in diesen Fahrzeugen ist in der Feuerwehr-Dienstvorschrift FwDV 3 beschrieben.

Bei Löschgruppenfahrzeugen wird grundsätzlich davon ausgegangen, dass Atemschutzgeräte (Pressluftatmer) im Mannschaftsraum so untergebracht sind, dass sie während verhaltener Fahrt angelegt werden können. Der Angriffstrupp nimmt immer die Plätze mit den Atemschutzgeräten ein, damit er sich während der Fahrt zur Einsatzstelle mit den Geräten ausrüsten kann.

Hinweis: Durch eine andere Anzahl und Anordnung der Atemschutzgeräte im Mannschaftsraum eines Löschfahrzeuges kann sich die Sitzanordnung für die Einsatzkräfte ändern.

	Sitzordnung einer Gruppe in einem Löschfahrzeug mit einer Gruppenkabine (z. B. LF 10)
	Sitzordnung einer Staffel in einem Löschfahrzeug mit einer Staffelkabine (z. B. TSF-W)
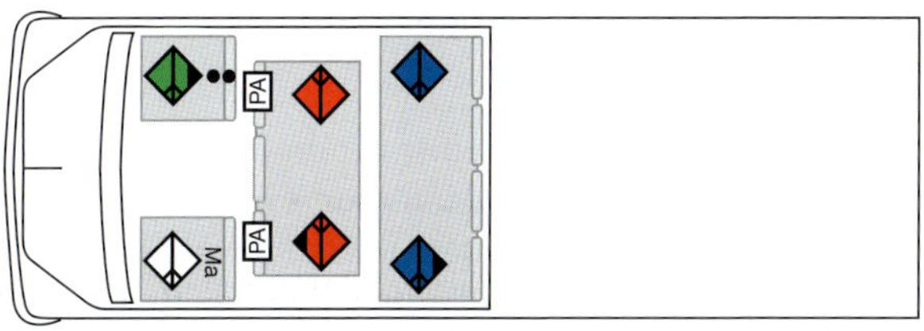	Sitzordnung einer Staffel in einem Löschfahrzeug mit einer Gruppenkabine (z. B. TLF 16/25)
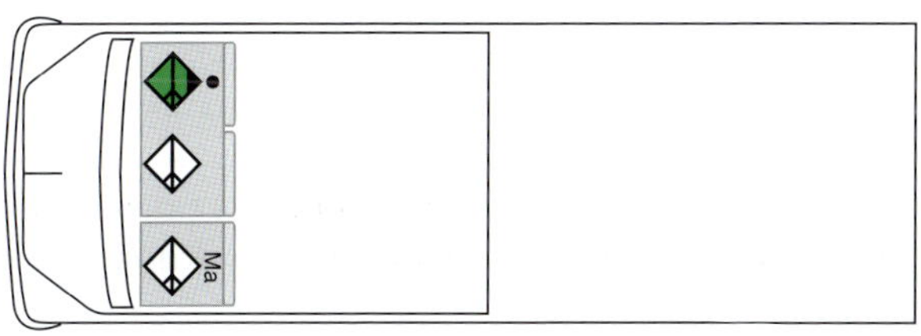	Sitzordnung eines selbstständigen Trupps in einem Löschfahrzeug mit einer Truppkabine (z. B. TLF 4000)

Abbildung 10: Sitzordnungen

Die Mannschaft sitzt nach dem Eintreffen an der Einsatzstelle erst ab, nachdem der Einheitsführer das Kommando **„Absitzen!“** gegeben hat. Danach tritt die Mannschaft grundsätzlich wie folgt hinter dem Fahrzeug an:

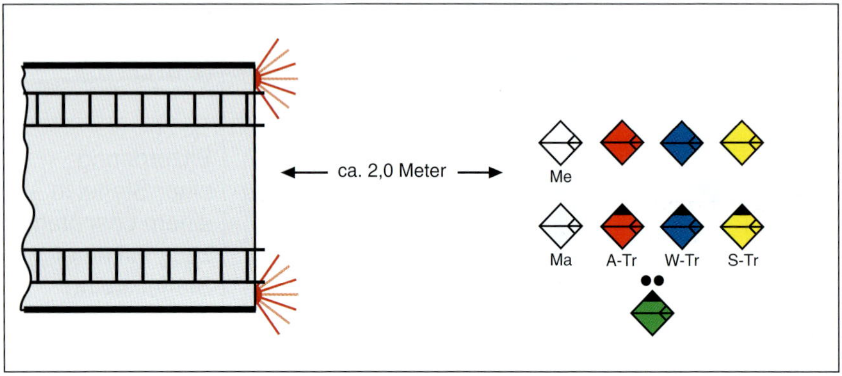

Abbildung 11: Antreteordnung hinter dem Fahrzeug

Handelt es sich um eine Staffel oder einen selbstständigen Trupp ist die Antreteordnung identisch, wobei die im Vergleich zur Gruppe fehlenden Funktionen unbesetzt bleiben. Zum Schutz vor dem fließenden Verkehr kann es zweckmäßig sein, auf der dem Verkehr abgewandten Seite des Einsatzfahrzeuges abzusitzen und an anderer Stelle als oben abgebildet anzutreten. Die Stelle bestimmt der Einheitsführer.

Nach dem Kommando **„Gefahr – Alle sofort zurück!“** tritt die Mannschaft in gleicher Aufstellung wie nach dem Kommando **„Absitzen!“** hinter dem Einsatzfahrzeug (oder an der anderen Stelle) an.

3.5 Selbstkontrolle und Testfragen

(Lösungen siehe Seite 96)

1. Welchen taktischen Einheiten werden die Einsatzkräfte der Feuerwehr zugeordnet?

a) Einsatztrupps und Führungstrupps
b) Trupp, Staffel, Gruppe, Zug, Verband
c) Angriffstrupp, Wassertrupp, Schlauchtrupp

2. Welche grundsätzlichen Aufgaben übernimmt der Angriffstrupp einer Gruppe im Löscheinsatz?

a) Er hat keine bestimmten Aufgaben.
b) Er arbeitet ausschließlich nach Anweisung des Einsatzleiters.
c) Er rettet und nimmt das erste Rohr vor.
d) Er verlegt die B- und C-Leitungen selbst.

3. Welche Aufgaben übernehmen die Trupps einer Gruppe bei einem Hilfeleistungseinsatz?

a) Der Angriffstrupp Aufgaben des Angriffs
b) Der Angriffstrupp Aufgaben der Rettung
c) Der Schlauchtrupp Aufgaben der Löschmaßnahmen
d) Der Schlauchtrupp Aufgaben der Gerätebereitstellung
e) Der Wassertrupp Aufgaben der Sicherung
f) Der Wassertrupp Aufgaben als weiterer Angriffstrupp

4. Welcher Trupp nimmt die Plätze mit den im Mannschaftsraum untergebrachten Atemschutzgeräten ein?

a) Der Rettungstrupp
b) Der Sicherungstrupp
c) Der Angriffstrupp
d) Der Atemschutztrupp

4 Führen und Leiten

Gemäß der Feuerwehr-Dienstvorschrift FwDV 100 „Führung und Leitung im Einsatz – Führungssystem“ ist **Führung**:

> … die Einflussnahme auf die Entscheidungen und das Verhalten anderer Menschen mit dem Zweck, mittels steuerndem und richtungsweisendem Einwirken vorgegebene und aufgabenbezogene Ziele zu verwirklichen. Das bedeutet, andere zu veranlassen, das zu tun, was zur Erreichung des gesetzten Zieles erforderlich ist.

Zum Begriff **Leitung** heißt es in der FwDV 100 weiter:

> Leitung im Einsatz ist das gesamtverantwortliche Handeln für eine Einsatzstelle und für die dort eingesetzten Einsatzkräfte.

Der Erfolg bei der Durchführung eines Einsatzes ist nicht nur von den vorbereitenden Maßnahmen zur Gefahrenabwehr oder den zur Verfügung stehenden Einsatzkräften und -mitteln abhängig, sondern auch von der Persönlichkeit, dem Können und dem Verhalten des Einsatzleiters und der weiteren Führungskräfte. Diese müssen in ihrem jeweiligen Verantwortungsbereich die Voraussetzungen für den Einsatzerfolg schaffen.

4.1 Führungspersönlichkeit

Eine wesentliche vorbereitende Maßnahme zur Gefahrenabwehr ist die Auswahl und die Ausbildung geeigneter Führungskräfte, die in der Lage sind, die Führung und Leitung im Einsatz zu übernehmen. Bestimmte Begabungen, Fähigkeiten und Erfahrungen müssen gefordert und gefördert werden.

Zu den Anforderungen, die an Führungskräfte gestellt werden müssen und die sie befähigen ihrer Aufgabe gerecht zu werden, gehören u.a. folgende persönliche Merkmale und Eigenschaften:

■ Fachliche Qualifikation

Die Führungskraft muss über fundierte Fachkenntnisse und praktische Erfahrungen verfügen. Sie muss klare, eindeutige Aussagen treffen und wissen, ob die angeordneten Maßnahmen zur Gefahrenabwehr durchführbar, geeignet und angemessen sind. Diese Fachkenntnisse können durch Teilnahme an Lehrgängen, Fortbildungen, Übungen, Einsätzen o. Ä., durch Studium von Fachliteratur wie Bücher oder Fachzeitschriften und auch durch Erfahrungsaustausch mit anderen Führungskräften erlangt und erweitert werden.

■ Blick für das Wesentliche

Die Führungskraft muss in der Lage sein, im Einsatz Schwerpunkte notwendiger Maßnahmen zu erkennen und sie in die richtige Beziehung zu den vorhandenen Einsatzkräften und Einsatzmitteln setzen. Eine Voraussetzung dafür ist, Wichtiges und Unwichtiges unterscheiden zu können. Das Einsatzgeschehen verlangt von der Führungskraft aber auch, mögliche Entwicklungen vorab richtig abzuschätzen und Maßnahmen rechtzeitig einzuleiten.

■ Entschlossenheit

Die Führungskraft muss die aus einer genauen Lagekenntnis erwachsenen Vorteile nutzen und diese sofort in den Einsatz umsetzen können. Dies kann auch als Mut zur Entscheidung oder den Willen zu deren Durchsetzung bezeichnet werden. Dabei ist es jedoch schwierig, zwischen Übereifer und endlosem Zögern den richtigen Weg zu finden.

■ Verantwortungsfreudigkeit

Die Führungskraft muss in der Lage sein, selbstständig – aber im Rahmen ihres Auftrages – zu handeln, ohne dass sie alle Maßnahmen im Detail mit der übergeordneten Führungsebene abstimmt. Für diese Handlungsweise muss sie dann aber auch bereit sein, die Verantwortung zu übernehmen. Dies darf jedoch nicht zu willkürlichen oder eigenmächtigen Entschlüssen führen.

■ Gerechtigkeit

Die Führungskraft muss sich bemühen, den unterstellten Einsatzkräften soweit es möglich ist, Gerechtigkeit zuteil werden zu lassen. Bei der Zuweisung von angenehmen oder unangenehmen Tätigkeiten und Pflichten dürfen persönliche Beziehungen, Sympathien oder Abneigungen keine Rolle spielen.

■ Menschenkenntnis

Durch die Menschenkenntnis muss die Führungskraft in die Lage versetzt werden, den Einzelnen seinen Fähigkeiten, Stärken oder Schwächen entsprechend einzusetzen (Wer macht heute was?). Das persönliche Kennen der einzelnen Einsatzkräfte ermöglicht es der Führungskraft, die Einsatzkräfte im Hinblick auf die Dauer, die körperliche und seelische Belastung und die besonderen Erfordernisse im Einsatz richtig zu führen.

■ Bereitschaft zur Zusammenarbeit

Die Führungskraft muss eine zielgerichtete Zusammenarbeit mit unter- oder überstellten Führern, Fachberatern oder einem Stab anstreben. Diese Zusammenarbeit entbindet die Führungskraft nicht, abschließend eine klare Entscheidung zu treffen. Einsame Entschlüsse, die vorhandene Informationen und Erfahrungen nicht berücksichtigen, sind unbedingt zu vermeiden.

4.2 Führungsverhalten

Das Führungsverhalten wird durch das Verhalten der Führungskraft gegenüber den unterstellten Einsatzkräften beschrieben. Da dieses Verhalten vorwiegend im zwischenmenschlichen Bereich stattfindet, hat jedes Verhalten – besonders auch das unbewusste – Auswirkungen auf die Einsatzkräfte.

Das richtige Verhalten der Führungskraft führt zu einer entsprechenden Akzeptanz bei den unterstellten Einsatzkräften. Dabei sind u.a. folgende Gesichtspunkte zu beachten:

- Stets als Führungskraft auch Vorbild sein
- Nichts Unmögliches von den unterstellten Einsatzkräften fordern
- Unterstellte Einsatzkräfte und überstellte Führungskräfte fair behandeln
- Niemanden vor anderen bloßstellen
- Selbst nicht vor unangenehmen Arbeiten drücken
- Auch eigene Fehler eingestehen
- Klare, eindeutige Anweisungen, Befehle o. Ä. geben

Das bestmögliche Erreichen eines Einsatzzieles setzt eine wirkungsvolle Zusammenarbeit zwischen allen Einsatz- und Führungskräften voraus. Eine solche Zusammenarbeit lässt sich jedoch nicht erzwingen, sondern ist das Ergebnis des von allen Seiten eingebrachten Willens.

4.2.1 Führungsstil

Die unterschiedlichen Möglichkeiten des Führungsverhaltens werden in den Führungsstilen zum Ausdruck gebracht. Führungsstile mit eindeutigen und unveränderlichen Merkmalen kommen in der praktischen Anwendung kaum vor. Im Einsatz kommt es vielmehr darauf an, je nach Situation den Führungsstil anzuwenden, der die besten Ergebnisse erwarten lässt.

■ Autoritärer Führungsstil

Die Durchführung eines Einsatzes erfordert bei akut auftretenden Gefahrensituationen von der jeweiligen Führungskraft oftmals **schnelle Entschlüsse und knappe Befehle**, um Einsatzmaßnahmen zügig einzuleiten. Dies wird durch den hierarchischen Aufbau der Führungsorganisation ermöglicht. Dieser Führungsstil sieht eine eindeutige Über- und Unterordnung vor und ermöglicht die Anwendung des Prinzips von Befehl und Gehorsam.

Der autoritäre Führungsstil ist dadurch gekennzeichnet, dass die jeweilige Führungskraft **Entscheidungen** vorwiegend **allein trifft** und die Einsatzkräfte nicht in die Findung von Problemlösungen einbezieht. Die Einsatzkräfte haben sich der Führungskraft **unterzuordnen**.

Für die Einsatzkräfte besteht dabei nur ein **geringer Ermessensspielraum** bei der Umsetzung der von der Führungskraft erteilten Befehle. Zudem besteht bei dem autoritären Führungsstil oftmals auch eine sehr **engmaschige Kontrolle** der Auftragsdurchführung durch die jeweilige Führungskraft. Dies kann sich auf die Qualität der Entscheidungen und auch auf die Motivation der Einsatzkräfte durchaus nachteilig auswirken.

Da aber nur die jeweilige Führungskraft die Entscheidungen trifft, kann die Entscheidungsfindung sehr schnell abgeschlossen und bei bestehendem Zeitdruck eine unverzügliche Auftragsabwicklung erzielt werden.

Hinweis: Wenn es die Auftragserfüllung erfordert, dürfen Führungskräfte nicht zögern, die volle Autorität ihrer Dienststellung und ihrer Persönlichkeit einzusetzen, um das gesetzte Einsatzziel mit dem erforderlichen Durchsetzungsvermögen zu erreichen!

■ Kooperativer Führungsstil

Den vielfältigen Anforderungen eines Einsatzes kann ein rein autoritärer Führungsstil nicht immer genügen. Die jeweilige Führungskraft sollte vielmehr zur Vertrauensbildung und Motivation der Einsatzkräfte weitgehend kooperativ führen.

Die unterstellten Einsatzkräfte sollten **zu Beratungen** bei der Planung und Entscheidungsfindung **herangezogen werden** und damit für die Durchführung der Maßnahmen motiviert werden. Durch Delegation der Verantwortung und **Zuteilung von Aufgaben mit eigener Handlungsfreiheit** können Entscheidungen an Stellen übertragen werden, die den Problemen in der Regel näher stehen als die jeweilige Führungskraft. Dies führt zu deren Entlastung und gibt ihm Freiraum für die Erfüllung seiner Aufgaben.

Um bei den unterstellten Einsatzkräften Verständnis für die letztlich durch die jeweilige Führungskraft zu veranlassenden Maßnahmen zu finden, sollten sie möglichst umfassende **Informationen über Lage und Absichten** erhalten.

Vor allem auch deswegen, weil es aufgrund mangelnder Informationen möglich ist, dass übertragene Aufgaben fehlerhaft durchgeführt werden.

Hinweis: Die Anwendung des kooperativen Führungsstils führt zur Motivation der Einsatzkräfte, er steigert das Zugehörigkeits- und auch das Verantwortungsgefühl. Außerdem wird bei den Beteiligten das Vertrauen in das eigene Können gefördert.

4.2.2 Auftragstaktik

Die Auftragstaktik ist ein Führungsverhalten, das den nachgeordneten Führungskräften und den Einsatzkräften möglichst viel Freiraum bei der Auftragsdurchführung lässt. Bei der nachgeordneten Führungskraft und den Einsatzkräften wird in diesem Fall aber ein hohes Maß an fachlichen Fähigkeiten und an verantwortungsvoller Selbstständigkeit vorausgesetzt.

Der Auftrag bzw. Befehl kann sich bei der Anwendung der Auftragstaktik auf eine eindeutige Beschreibung des Einsatzziels beschränken, wobei der Weg zum Erreichen des Einsatzziels bewusst offen bleibt. So muss z.B. der Befehl eines Zugführers an einen Gruppenführer mindestens folgende Befehlselemente enthalten:

Einheit	Gruppe LF 20:
Auftrag	zur Menschenrettung …

Die von Gruppen-, Staffel- und Truppführern häufig verwendeten Befehlselemente „Mittel", „Ziel" und „Weg" sollten vom Zugführer im Sinne der Auftragstaktik nur dann verwendet werden, wenn es zur Klarheit des Auftrages erforderlich ist.

Für die Erfüllung des Auftrags kann es aber erforderlich sein, das ein Zugführer bzw. eine Führungskraft wichtige Informationen an den Gruppenführer bzw. die nachgeordnete Führungskraft weitergibt und seinen Befehl um folgende Befehlselemente ergänzt:

- **Lage:** Schadenereignis, Gefahrenlage, Möglichkeiten zur Schaden- und Gefahrenabwehr, Zuteilungen, Unterstellungen …
- **Durchführung:** Absicht des Zugführers, Aufträge an einzelne Einheiten, Zusammenarbeit mit anderen Kräften, Bereitstellung von Sicherheitstrupps für andere Einheiten, Einsatzabschnittsgrenzen, Zeitangaben …
- **Versorgung:** Verpflegung, Atemschutzgeräte, Betriebsstoffe, Materialerhaltung, medizinische Versorgung …
- **Kommunikation:** Kommunikationsverbindungen, Meldewesen, Meldeköpfe, Befehlsstellen, Standort des Zugführers, Erreichbarkeiten …

Hinweis: Informationen zur „Lage“ und zur „Durchführung“ sind hilfreich für die Einsatzdurchführung und sollten dem Befehl des Zugführers bzw. der Führungskraft vorausgehen, insbesondere dann, wenn der Gruppenführer bzw. die nachgeordnete Führungskraft keinen umfassenden Überblick über die Lage haben oder als nachrückende Einheit eingesetzt werden.

4.3 Weisungsbefugnis und Gehorsamspflicht

Geltenden Rechtsgrundlagen und sachlichen Erfordernisse bei der Durchführung eines Einsatzes haben zur Folge, dass die Einsatzleitung nach geordneten Grundsätzen aufgebaut und organisiert ist. Das bedeutet, dass der Einsatzleiter und die ihm nachgeordneten Führungskräfte in ihrer dienstlichen Stellung mit Weisungsbefugnissen (Befehlsgewalt) ausgestattet werden und andererseits die Einsatzkräfte in einer Gehorsamspflicht stehen.

Die Verweigerung eines rechtmäßigen, sachlich richtigen Befehls, einer dienstlichen Anordnung oder Weisung muss folglich disziplinarische und ggf. auch strafrechtliche oder privatrechtliche Konsequenzen nach sich ziehen.

Wer sich entschließt, in einer Feuerwehr Dienst zu leisten, muss auch bereit sein, diese Struktur zu akzeptieren!

Eine Situation, die von Befehl und Gehorsam gekennzeichnet ist, stellt ein besonderes Problem dar, denn der verordnete Zwang, etwas zu tun oder zu lassen, ist immer ein Eingriff in die persönliche Freiheit desjenigen, der dem Zwang ausgesetzt ist. Dies wird besonders deutlich, wenn die Ausführung eines Einsatzbefehls nicht nur eine Arbeitsleistung verlangt, sondern möglicherweise auch mit Gefahren für die Einsatzkräfte verbunden ist.

Aus diesem Sachverhalt ergibt sich für den Einsatzleiter und die nachgeordneten Führungskräfte eine besondere Verantwortung für die Rechtmäßigkeit, Richtigkeit und Notwendigkeit der Befehle und Anweisungen und für die Sicherheit der Einsatzkräfte. Diese müssen ihrerseits die Notwendigkeit der angeordneten Maßnahmen anerkennen und bereit sein, ihre persönlichen Interessen zugunsten des Erreichens des Einsatzzieles zurückzustellen.

Alle Einsatz- und Führungskräfte müssen sich bewusst sein, dass die Ausführung des gemeinsam anerkannten gesetzlichen Auftrags den Grundsatz von Befehl und Gehorsam zwar erfordert, dieses jedoch aufgrund der besonderen Einsatzsituation als besondere Form der Zusammenarbeit zu betrachten ist.

4.4 Selbstkontrolle und Testfragen

(Lösungen siehe Seite 96)

1. Welche Anforderungen werden an Führungskräfte gestellt?

a) Bestimmte fachliche Qualifikation
b) Blick für das Wesentliche
c) Entschlossenheit und Verantwortungsfreudigkeit
d) Sportlichkeit und Fitness
e) Bereitschaft zur Zusammenarbeit

2. Welches Verhalten von Führungskräften ist richtig?

a) Stets als Führungskraft auch Vorbild sein
b) Niemals eigene Fehler eingestehen
c) Niemanden vor anderen bloßstellen
d) Niemals eigene Entscheidungen treffen
e) Nichts Unmögliches fordern

3. Welche Führungsstile können im Bereich der Feuerwehr zur Anwendung kommen?

a) Kameradschaftlicher Führungsstil
b) Autoritärer Führungsstil
c) Anmaßender Führungsstil
d) Kooperativer Führungsstil
e) Abwartender Führungsstil

4. Welche Rechte und Pflichten gelten für Einsatzkräfte?

a) Für Einsatzkräfte besteht eine Gehorsamspflicht.
b) Befehle und Anweisungen müssen rechtmäßig, richtig und notwendig sein und die Sicherheit der Einsatzkräfte berücksichtigen.
c) Einsatzkräfte müssen bereit sein, ihre persönlichen Interessen zugunsten des Erreichens des Einsatzzieles zurückzustellen.

5 Führungssystem

Einsätze der Feuerwehr, besonders die Einsätze größeren Ausmaßes, stellen alle an der Gefahrenabwehr Beteiligten vor besondere schwierige und umfassende Aufgaben. Diese Einsätze bedürfen deshalb einer bestimmten Systematik der Einsatzleitung. Es ist sicherzustellen, dass die Arbeit der Einsatzleitung sowohl bei kleineren als auch bei größeren Schadenereignissen reibungslos und kontinuierlich verläuft.

Bestimmte Aufgaben der Einsatzleitung sollten nicht erst an der Einsatzstelle geregelt, sondern schon vorher festgelegt werden. Zur Erfüllung dieser Führungsaufgaben ist die Anwendung eines bestimmten Führungssystems erforderlich. Grundsätzliche Regelungen hierzu werden in der FwDV 100 „Führung und Leitung im Einsatz – Führungssystem“ getroffen.

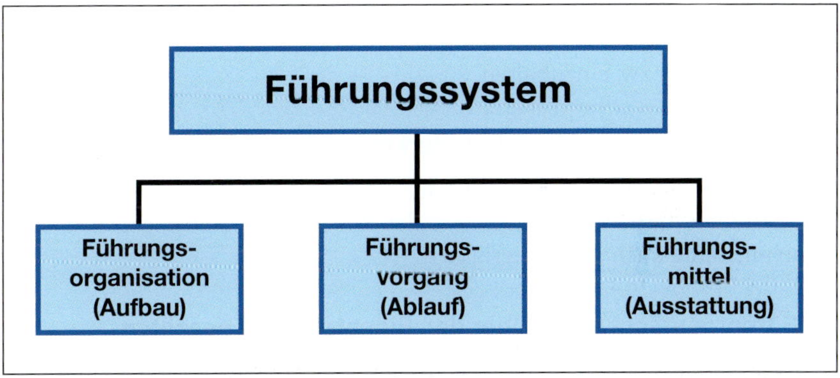

Abbildung 12: Führungssystem gemäß FwDV 100

Das Führungssystem beschreibt alle Aufgaben und Möglichkeiten einer Einsatzleitung von der Alarmierung der Einsatzkräfte bis zur Beendigung des Einsatzes. Dabei sind folgende Führungsgrundsätze zu beachten:

■ Aufgaben, Befugnisse und Mittel aufeinander abstimmen

So stehen z.B. beim Einsatzbefehl *„Melder, Verteiler besetzen“* dem Melder nur sehr geringe Befugnisse und Mittel zur Verfügung während beim Einsatzbefehl *„Gruppe LF 20, Menschenrettung in der Nordstraße“* dem Gruppenführer zur Erfüllung dieser Aufgabe weitreichende Befugnisse und umfangreiche Mittel zugeteilt werden müssen.

■ Aufgabenbereiche überschaubar und klar abgrenzen

Dieser Grundsatz betrifft sowohl den Umfang der zu bewältigenden Aufgabe, die auf die Mannschaft und das Gerät abgestimmt sein muss, als auch die räumliche Ausdehnung wie z.B. die Zuweisung von Einsatzabschnitten.

■ Unterstellungsverhältnisse und Weisungsrecht klar festlegen

Neben einer eindeutigen Kompetenzzuweisung in den einzelnen Führungsebenen ist es erforderlich, auch in den teilweise schwierigen Situationen der Einsatzabwicklung, die Unterstellungsverhältnisse und das Weisungsrecht wahrzunehmen bzw. einzuhalten.

■ Zusammenarbeit mit nicht unterstellten Kräften gewährleisten

Der Einsatzleiter muss von sich aus Verbindung zu anderen, an der Einsatzstelle tätigen Organisationen, der Polizei, dem Rettungsdienst o.Ä. aufnehmen und auch aufrechterhalten.

■ Fürsorgepflicht gegenüber den Einsatzkräften beachten

Der Einsatzleiter muss sicherstellen, dass neben der Überwachung der Einhaltung der Unfallverhütungsvorschriften auch die physische (körperliche) sowie die psychische (seelische) Leistungsfähigkeit der unterstellten Einsatz- und Führungskräfte erhalten bleibt. Deshalb müssen rechtzeitig Ersatzkräfte bereitgestellt und auch für eine geeignete Verpflegung gesorgt werden.

6 Führungsorganisation

Die Führungsorganisation legt die Aufgabenbereiche der Führungskräfte fest und bestimmt die Art und Anzahl der Führungsebenen. Sie stellt sicher, dass die Arbeit des Einsatzleiters bzw. der Einsatzleitung bei jeder Art und Größe von Schadenereignissen reibungslos und kontinuierlich verläuft.

Die Einsatzleitung besteht aus dem Einsatzleiter, unterstützt durch eine rückwärtige Führungseinrichtung (z.B. eine Leitstelle) sowie gegebenenfalls den Führungsassistenten und dem Führungshilfspersonal. Die Einsatzleitung benötigt zur Bewältigung ihrer Aufgaben entsprechende Führungsmittel.

Hinweis: Je nach Gefahrenlage sind für den Einsatz taktische Einheiten unterschiedlicher Anzahl und Größe erforderlich. Daher ist die Funktion des Einsatzleiters nicht an eine bestimmte Führungsebene gebunden.

6.1 Wahrnehmung der Einsatzleitung

Leiter eines Feuerwehreinsatzes ist entsprechend der Feuerwehrgesetze des jeweiligen Landes in der Regel der Leiter der örtlich zuständigen Feuerwehr, sein Stellvertreter oder eine beauftragte Führungskraft. Bis zum Eintreffen dieser festgelegten Führungskräfte hat der funktionshöchste Einheitsführer, bei funktionsgleichen Einheitsführern der zuerst eintreffende Einheitsführer, die Einsatzleitung.

Bestimmte Führungskräfte (Kreisbrandmeister, Kreisbrandinspektoren o.Ä.), können ggf., entsprechend der gesetzlichen Regelungen des jeweiligen Bundeslandes, die Einsatzleitung durch eigene Erklärung übernehmen.

Aufgrund der besonderen Stellung des Einsatzleiters ist es erforderlich, dass sowohl den an der Einsatzstelle tätigen Einsatz- und Führungskräften als auch sonstigen Personen (Polizei, Behörden, Medien u.Ä.) bekannt ist, wer eigentlich der Einsatzleiter der Feuerwehr ist.

Abbildung 13: „Es kann nur einen geben!“ (Quelle: M. Köppelmann, Paderborn)

Hinweis: Dabei ist zu beachten, dass es an einer Einsatzstelle immer **nur einen Einsatzleiter der Feuerwehr** geben kann und darf!

6.2 Aufgaben des Einsatzleiters

Der Einsatzleiter leitet gesamtverantwortlich alle ihm an der Einsatzstelle unterstellten Einsatzkräfte. Er hat die Tätigkeiten aller beteiligten Stellen zu koordinieren und ihm obliegt die Befehlsgewalt. Der Einsatzleiter hat die Aufgabe, die Lage zu erkunden und den Einsatz durchführen zu lassen.

Je nach Art und Größe des Einsatzes hat er Verbindung zu beteiligten Stellen (Polizei, Rettungsdienst, Ordnungsbehörden u. Ä.) sicherzustellen bzw. erforderliche Verbindungen zu diesen über die Leitstelle herzustellen.

Die Einsatzkräfte müssen zum Retten und in Sicherheit bringen, zum Schützen und Bergen und zum Begrenzen und Beseitigen so eingesetzt werden, dass ein optimaler Einsatzerfolg erzielt wird. Dabei muss das Retten, in Sicherheit bringen und Schützen von Menschen bei allen Entscheidungen des Einsatzleiters im Vordergrund stehen.

Das Schützen und das Bergen von gefährdeten Sachen sowie das Schützen der Umwelt gehören ebenfalls zu den wesentlichen Aufgaben der Feuerwehr, sind aber im Vergleich zum Retten und Schützen von Menschen immer nur von untergeordneter Bedeutung.

Dem Einsatzleiter können entsprechend gesetzlicher Regelungen der jeweiligen Länder Befugnisse gegenüber Dritten übertragen werden wie z.B.

- das Heranziehen von Personen und Hilfsmitteln zur Hilfeleistung,
- das Betreten und Räumen von Grundstücken und baulichen Anlagen,
- die Durchführung von Absperrmaßnahmen,
- das Festhalten eigengefährdeter Personen oder
- die zeitlich befristete Stilllegung von Produktionsanlagen.

Bei der Wahrnehmung dieser Befugnisse und auch bei allen sonstigen Einsatzmaßnahmen muss der Einsatzleiter jedoch die Verhältnismäßigkeit beachten, d.h. er muss sich nach pflichtgemäßem, sorgfältigem Abwägen mehrerer Möglichkeiten entscheiden. Dabei ist zu beachten, dass:

- die gewählten Mittel geeignet sind, um die Gefahr ganz oder teilweise zu beseitigen; zwecklose oder überflüssige Maßnahmen sind rechtswidrig;
- die Maßnahmen nur in dem vom Gesetz bestimmten Rahmen durchgeführt werden und grundsätzlich die Mittel gewählt werden, die den geringstmöglichen Eingriff für den Einzelnen bedeuten;
- die Maßnahmen nicht zu einem Schaden führen, der zu dem angestrebten Erfolg erkennbar außer Verhältnis steht;
- die Maßnahmen dann unzulässig werden, wenn der Zweck erreicht wurde oder wenn die Maßnahmen erkennbar ohne Erfolg bleiben.

6.3 Gliederung der Einsatzleitung

Die Gliederung und der Umfang einer Einsatzleitung sind abhängig von der vorliegenden Gefahrenlage, dem tatsächlichen Schadenereignis und der Anzahl der zu führenden taktischen Einheiten.

Bei alltäglichen, kleineren Einsätzen kann der Einsatzleiter (z.B. der Staffelführer) auch ohne Unterstützung weiterer Führungskräfte und von Führungshilfspersonal die anstehenden Aufgaben bewältigen. Bei Einsätzen größeren Umfangs ist jedoch die Unterstützung durch Führungseinheiten und Führungseinrichtungen erforderlich.

Eine Führungseinheit sollte mindestens aus einem Führungsassistenten, einem Melder, einem Fahrer und den erforderlichen Führungsmitteln bestehen. Eine so gegliederte Führungseinheit wird als **Führungstrupp** bezeichnet; sie ist mit einem entsprechenden Einsatzleitfahrzeug auszustatten. Größere Führungseinheiten können dann Führungsstaffeln, -gruppen oder -stäbe sein.

Abbildung 14: Einsatzleiter mit Führungstrupp und Einsatzleitfahrzeug ELW 1

Ab einer bestimmten Art und Größe des Einsatzes ist der Einsatzleiter – auch mit Unterstützung durch einen Führungstrupp – jedoch nicht mehr in der Lage, die Aufgaben allein wahrzunehmen. Er bedarf dann zur Bewältigung der anfallenden Arbeiten der Unterstützung durch größere Führungseinheiten mit weiteren Führungsassistenten und Führungshilfspersonal, die sich sowohl an der Einsatzstelle als auch in einem rückwärtigen Bereich (Leitstelle, Einsatzzentrale o. Ä.) befinden können.

Die Aufgaben der Einsatzleitung können in folgende Sachgebiete aufgeteilt werden. Den Sachgebieten sind dabei bestimmte Aufgaben zugeordnet:

- Sachgebiet **S 1 Personal/Innerer Dienst**
- Sachgebiet **S 2 Lage**
- Sachgebiet **S 3 Einsatz**
- Sachgebiet **S 4 Versorgung**

Bei Bedarf können weitere Sachgebiete eingerichtet werden; insbesondere

- Sachgebiet **S 5 Presse und Medienarbeit**
- Sachgebiet **S 6 Information und Kommunikation**

Den Führungsassistenten können eines oder mehrere der Sachgebiete übertragen werden; sie sind dem Einsatzleiter gegenüber für ihr Sachgebiet verantwortlich. Sind **alle** Sachgebiete mit einem Sachgebietsleiter und dem erforderlichen Führungshilfspersonal besetzt und entsprechend der Schadenlage von der Einsatzleitung zusätzlich benötigte Fachberater und Verbindungspersonen einbezogen, spricht man von einem **Führungsstab.**

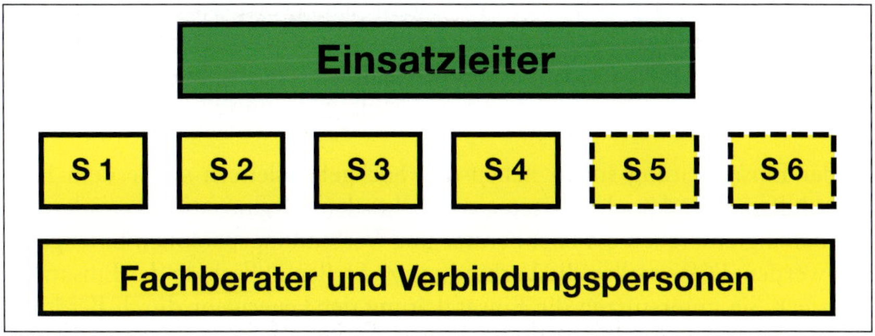

Abbildung 15: Gliederung einer Einsatzleitung mit Führungsstab

6.4 Aufgaben innerhalb der Einsatzleitung

Die Aufgabenverteilung in der Einsatzleitung ist nach den Erfordernissen der Schadenlage vorzunehmen. Je nach Art und Größe der Einsatzstelle sind die beschriebenen Aufgaben von unterschiedlicher Bedeutung.

Sofern der Rettungsdienst bei einem gemeinsamen Einsatz mit der Feuerwehr keine eigenständige Einsatzleitung betreibt, sondern an der Einsatzleitung der Feuerwehr beteiligt wird, ist es zweckmäßig, den Leitenden Notarzt (LNA) und den Organisatorischen Leiter Rettungsdienst (OrgL) mit in die Einsatzleitung aufzunehmen (z.B. in das Sachgebiet S 3).

6.5 Wahrnehmung der Aufgaben

Die Aufgaben der einzelnen Sachgebiete sind grundsätzlich bei jedem Einsatz zu erledigen. Es hängt aber von der jeweiligen Lage ab, ob diese Aufgaben durch einen Führungsstab bewältigt werden müssen. Es ist möglich, dass bei Schadenereignissen mit geringem Umfang zusammengehörende Tätigkeiten von einer Person wahrgenommen oder Sachgebiete zusammengelegt werden. Bei umfangreichen Schadenereignissen ist es dagegen erforderlich, innerhalb der Sachgebiete weiteres Führungshilfspersonal zur Verfügung zu haben.

Die Wahrnehmung der Aufgaben der Einsatzleitung muss nicht auf eine Befehlsstelle an der Einsatzstelle beschränkt sein. Insbesondere die Aufgaben der Sachgebiete S 1 Personal/Innerer Dienst, Sachgebiet S 4 Versorgung und Sachgebiet S 6 Information und Kommunikation können auch auf rückwärtige Einrichtungen wie z.B. eine Leitstelle ganz oder teilweise übertragen werden.

In der Einsatzleitung sollen neben den Sachgebietsleitern sowie dem Führungshilfspersonal auch Vertreter von Behörden, Organisationen und anderen beteiligten Stellen als Fachberater und Verbindungspersonen hinzugezogen werden. Diese stellen die Verbindung zu Stellen außerhalb der Einsatzleitung her. Sie unterstützen die Einsatzleitung der Feuerwehr durch Beratung und Tätigwerden in ihrem Zuständigkeitsbereich.

Sachgebiet S 1 Personal/Innerer Dienst
Bereitstellen der Einsatzkräfte • Alarmieren von Einsatzkräften und Heranziehen von Hilfskräften • Alarmieren und anfordern von Ämtern und Behörden, Organisationen • Anfordern von fach-, orts- und betriebskundigen Personen • Bereitstellen von Reserven • Einrichten von Lotsenstellen für ortsunkundige Kräfte • Einrichten von Bereitstellungsräumen • Führen von Kräfteübersichten
Führen des inneren Stabsdienstes • Festlegen und sicherstellen des Geschäftsablaufs • Einrichten und sichern der Führungsräume • Bereitstellen der Ausstattung

Sachgebiet S 2 Lage
Lagefeststellung • Beschaffen von Informationen – Einsetzen von Erkundern – Anfordern von Lagemeldungen • Auswerten und bewerten von Informationen
Lagedarstellung • Führen einer Lagekarte • Führen von Einsatzübersichten – Beschreiben der Gefahrenlage – Darstellen von Anzahl, Art und Umfang der Schäden – Darstellen der Einsatzabschnitte und -schwerpunkte – Darstellen der eingesetzten, bereitgestellten und noch erforderlichen Einsatzmittel und -kräfte • Vorbereiten von Lagebesprechungen und Lagemeldungen
Information • Melden an vorgesetzte Stellen • Unterrichten nachgeordneter Stellen • Unterrichten anderer Stellen • Unterrichten der Bevölkerung
Einsatzdokumentation • Führen des Einsatztagebuches • Sammeln, registrieren und sicherstellen aller Informationsträger • Erstellen des Abschlussberichts

Sachgebiet S 3 Einsatz

- Beurteilen der Lage
- Fassen des Entschlusses über die Einsatzdurchführung, z. B. festlegen von Einsatzschwerpunkten, bestimmen erforderlicher Einsatzkräfte, Einsatzmittel und Reserven, festlegen der Befehlsstelle
- Bestimmen und einweisen von Führungskräften, z. B. Einsatzabschnittsleiter
- Ordnen des Schadengebietes, zum Beispiel
  - Festlegen der Führungsorganisation, der Befehlsstelle und von Bereitstellungsräumen
  - Einrichten von Sammelstellen, zum Beispiel Verletztensammelstelle, Leichensammelstelle
- Anordnen von Absperrmaßnahmen
- Festlegen und freihalten von An- und Abmarschwegen
- Zusammenarbeiten mit anderen Ämtern, Behörden und Organisationen
- Durchführen von Lagebesprechungen
- Erteilen der Befehle
- Beaufsichtigen und kontrollieren der Einsatzdurchführung
- Veranlassen von Sofortmaßnahmen für gefährdete Bevölkerung, z. B. Warnung, Unterbringung, Räumung, Versorgung, Transport und Instandsetzung
- Mithilfe bei der Sicherung geborgener Sachwerte, beim Ermitteln der Schadenursache und der Täter, bei der Zeugenfeststellung und bei der Beweismittelsicherung

Sachgebiet S 4 Versorgung

- Anfordern weiterer Einsatzmittel
- Heranziehen von Hilfsmitteln, z. B. Baustoffe, Abstützmaterial, Lastkraftwagen, Tankkraftwagen, Räum- und Hebegeräte
- Bereitstellen von Verbrauchsgütern und Einsatzmitteln, z. B. Wasserversorgung, Löschmittel, Atemschutzgeräte, Kraftstoffe
- Bereitstellen und zuführen der Verpflegung
- Sicherstellen der Materialerhaltung für das Gerät
- Festlegen der Versorgungsorganisation
- Bereitstellen von Rettungsmitteln zum Eigenschutz der Einsatzkräfte
- Bereitstellen von Unterkünften für Einsatzkräfte

Sachgebiet S 5 Presse- und Medienarbeit

Presse- und Medieninformationen

- Sammeln, auswählen und aufbereiten von Informationen aus dem Einsatz
- Erfassen, dokumentieren und auswerten der Presse- und Medienlage
- Erstellen von Presse- und Medieninformationen

Sachgebiet S 5 Presse- und Medienarbeit (Fortsetzung)
Presse- und Medienbetreuung • Informieren, führen und unterbringen der Presse- und Medienvertreter • Vorbereiten und durchführen von Presse- und Medienkonferenzen
Presse- und Medienkoordination • Bündeln, abstimmen und steuern der Presse- und Medienarbeit, z. B. mit den Pressesprechern von anderen beteiligten Behörden, betroffener Betriebe und der Polizei • Halten des ständigen Kontakts mit Presse und Medien
Presse- und Medieneinbindung in die Schadenbekämpfung • Veranlassen und betreuen von Informationstelefonen • Veranlassen von Warn- und Suchhinweisen für die Bevölkerung

Sachgebiet S 6 Information und Kommunikation
Planen des Informations- und Kommunikationseinsatzes • Feststellen des Ist-Zustands der Führungsorganisation • Feststellen des Ist-Zustands der Fernmeldeorganisation • Absprechen der Führungsorganisation mit S 3 • Aufteilen der zugewiesenen Kanäle • Anfordern von Sonderkanälen • Ermitteln des Kräftebedarfs für den Kommunikationsbetrieb • Ermitteln des Materialbedarfs für den Kommunikationsbetrieb • Feststellen der Einsatzmöglichkeiten von Funktelefonen • Ermitteln der Einsatzmöglichkeiten von Kommunikationsverbindungen über Feldkabel und anderer drahtgebundener Netze • Erarbeiten eines Kommunikationskonzeptes einschließlich Fernmeldeskizze • Sicherstellen der Kontakte mit den Informations- und Kommunikationsdiensten anderer Behörden, Organisationen und Institutionen
Durchführen des Informations- und Kommunikationseinsatzes • Umsetzen der Planung • Führen der Informations- und Kommunikationseinheiten • Gewährleisten der Kommunikationssicherheit (Redundanz) • Übermitteln von Befehlen, Meldungen und Informationen • Überwachen des Kommunikationsbetriebes • Dokumentieren des Kommunikationsbetriebes (Nachweisung) • Ausstattung der Befehlsstellen mit Bürokommunikation • Einrichten von Meldediensten

Fachberater und Verbindungspersonen (Beispiele)	
• Abwasser • Ausländerbehörde • Bauamt • Bundespolizei • Bundeswehr • Deutsche Bahn AG • Einwohnermeldeamt • Elektrizitätsversorgungsunternehmen • fachkundige Personen • Forstverwaltung • Gasversorgungsunternehmen • Gesundheitsbehörde • Gewerbeaufsicht • Handwerks- und Gewerbebetriebe • Hilfsorganisationen • Kraftwerksbetreiber • Notfallseelsorge • Ordnungsamt • Polizei	• Presse, Rundfunk, Fernsehen • Psychosoziale Begleitung • Rettungsdienst • Schul- und Sportamt • Sozialamt • Stadtreinigung • Stadtwerke • Stationierungsstreitkräfte • Strahlenschutzbeauftragte • Straßenbaulastträger • Technisches Hilfswerk • Umweltschutzbehörde • Verkehrsbetriebe • verantwortliche Personen • Wasserschutzbehörde • Wasser- und Schifffahrtsverwaltung • Wasserversorgungsunternehmen • Wirtschaftsamt • Wohnungsamt

6.6 Befehlsstellen

Die Befehlsstelle ist der Sitz der Einsatzleitung. Sie wird zur Bewältigung der Einsatzleitaufgaben, d.h. zur Leitung der Einsatzkräfte und zur Unterbringung des Führungspersonals und der Führungsmittel benutzt. Sie kann ortsbeweglich (mobil) oder ortsfest (stationär) eingerichtet werden. Sind an einer Einsatzstelle Einsatzabschnitte gebildet worden, so können für diese weitere nachgeordnete Befehlsstellen eingerichtet werden.

Bei der erforderlichen Einrichtung einer größeren Führungseinheit bzw. einer absehbar längeren Einsatzdauer sollte eine ortsfeste (stationäre) Befehlsstelle eingerichtet werden. Befehlsstellen sind kenntlich zu machen bzw. ihr Standort ist allen am Einsatz Beteiligten bekannt zu geben.

6.6.1 Ortsfeste Befehlsstellen

Als ortsfeste Befehlsstellen können geeignete Räumlichkeiten genutzt werden, die entweder an oder in der Nähe der Einsatzstelle außerhalb des Gefahrenbereiches oder bei einem weiträumigen Schadengebiet von dieser abgesetzt (z.B. bei der Leitstelle oder Verwaltung) liegen. Die Räume einer ortsfesten Befehlsstelle benötigen eine entsprechende Infrastruktur mit sanitären Einrichtungen, Verpflegungsmöglichkeiten u. Ä. und müssen mit geeigneten Fernmeldeanschlüssen und den für die Arbeit eines Führungsstabes erforderlichen Führungsmitteln ausgestattet sein. Die notwendigen Funkverbindungen sind durch die Bereitstellung eines Einsatzleitfahrzeuges sicherzustellen.

6.6.2 Ortsbewegliche Befehlsstellen

Als ortsbewegliche Befehlsstelle wird ein mit entsprechender Informations- und Kommunikationstechnik ausgestattetes Einsatzleitfahrzeug genutzt.

Zur feuerwehrtechnischen Beladung des Fahrzeuges gehören neben fest eingebauten Sprechfunkgeräten auch tragbare Handsprechfunkgeräte und weitere für den Einsatzleiter notwendige Ausrüstungsgegenstände wie Pläne, Karten, Nachschlagewerke o. Ä.

Abbildung 16: Einsatzbearbeitung in einem Einsatzleitfahrzeug

Einsatzleitfahrzeug KdoW
(Quelle: Tobias Voss)

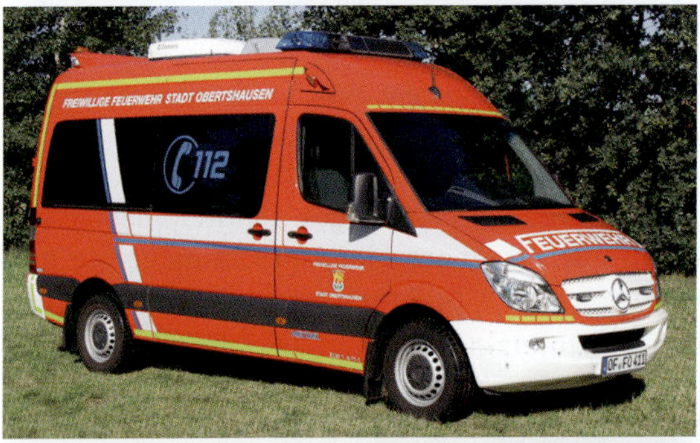

Einsatzleitfahrzeug ELW 1
(Quelle: U. Bunzel, Frankfurt)

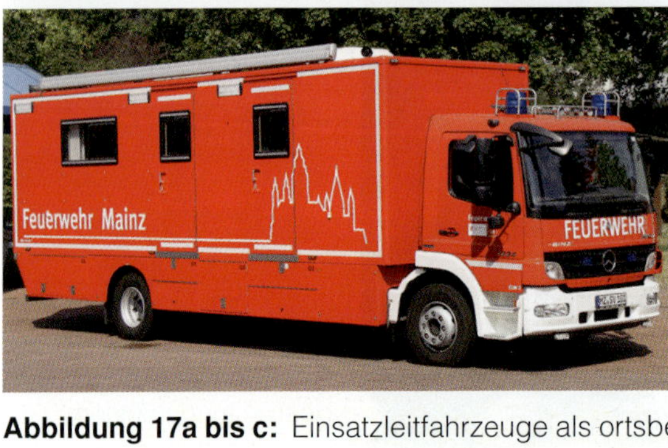

Einsatzleitfahrzeug ELW 2
(Quelle: U. Bunzel, Frankfurt)

Abbildung 17a bis c: Einsatzleitfahrzeuge als ortsbewegliche Befehlsstellen

Während einem Gruppenführer in der Regel kein separates Fahrzeug zur Verfügung steht – er kann bei Bedarf z.B. auch den Mannschaftsraum eines Löschgruppenfahrzeuges nutzen – benötigt ein Zugführer jedoch mindestens ein Einsatzleitfahrzeug KdoW oder ELW 1.

Für die Einsatzleitung einer größeren taktischen Einheit ist mindestens ein Einsatzleitfahrzeug ELW 1 erforderlich. Bei Großeinsätzen mit der entsprechenden Anzahl von taktischen Einheiten und der sich daraus ergebenden Führungseinheit muss dem Einsatzleiter als ortsbewegliche Befehlsstelle ein Einsatzleitfahrzeug ELW 2 oder ein vergleichbares Fahrzeug zur Verfügung stehen, das über einen Kommunikationsraum und einen abgetrennten Führungsraum zur Aufnahme seines Führungsstabes verfügt.

6.7 Führungsebenen

Die Führungsebene ist ein Merkmal innerhalb der Führungsorganisation, bei der alle Führungskräfte mit einem vergleichbaren Zuständigkeits- und Verantwortungsbereich und gleichem Unterstellungsverhältnis zusammengefasst werden. Die Führungsebenen in einem Feuerwehreinsatz ergeben sich aus:

- der **taktischen Gliederung der Einsatzkräfte** in Abhängigkeit von der Art und Größe der Einheit;
- der **taktischen Gliederung des Raumes** in Abhängigkeit von der Art und dem Umfang des Einsatzraumes sowie der Art der Einsatztätigkeit;
- den **rechtlichen Vorgaben zur Schadenbekämpfung**, vor allem bei Großschadenlagen und im Katastrophenfall.

Um die Überschaubarkeit und Kontrollmöglichkeit zu gewährleisten, sind einer Führungsebene in der Regel nicht mehr als drei Trupps (z.B. eine Gruppe), zwei Gruppen (z.B. ein Zug), drei bis fünf Züge (z.B. ein Verband) bzw. Einsatzabschnitte oder andere vergleichbare Einheiten zugeordnet.

Hinweis: Damit keine Informationen außer Acht gelassen werden, dürfen Führungsebenen grundsätzlich nicht übersprungen werden!

Führungsebenen nach taktischer Gliederung der Einsatzkräfte

Nach der taktischen Gliederung der Einsatzkräfte ergeben sich die folgenden Führungsebenen

- Ebene der taktischen Einheiten **selbstständiger Trupp, Staffel, Gruppe,**
- Ebene der taktischen Einheit **Zug** und
- Ebene der taktischen Einheit **Verband.**

Als Führer einer Einheit bis zur Größe eines Zuges verfügt der Einsatzleiter nur über wenige Führungsassistenten und Hilfskräfte. Dem Gruppenführer steht neben der Leitstelle ein Melder, dem Zugführer, bei entsprechender Personalausstattung, ein Führungstrupp (Zugtrupp) und dem Verbandsführer eine Führungsstaffel zur Verfügung.

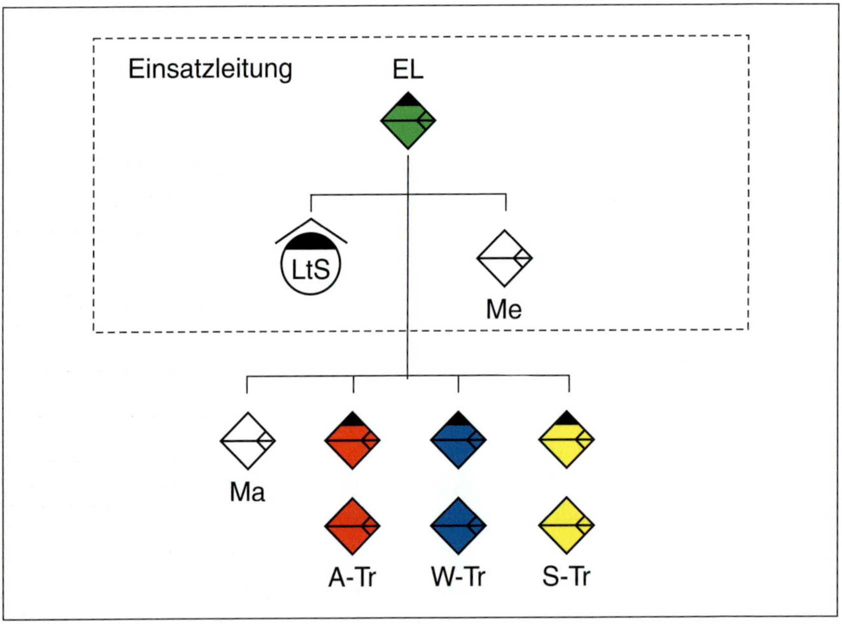

Abbildung 18: Führungsorganisation beim Einsatz einer Gruppe

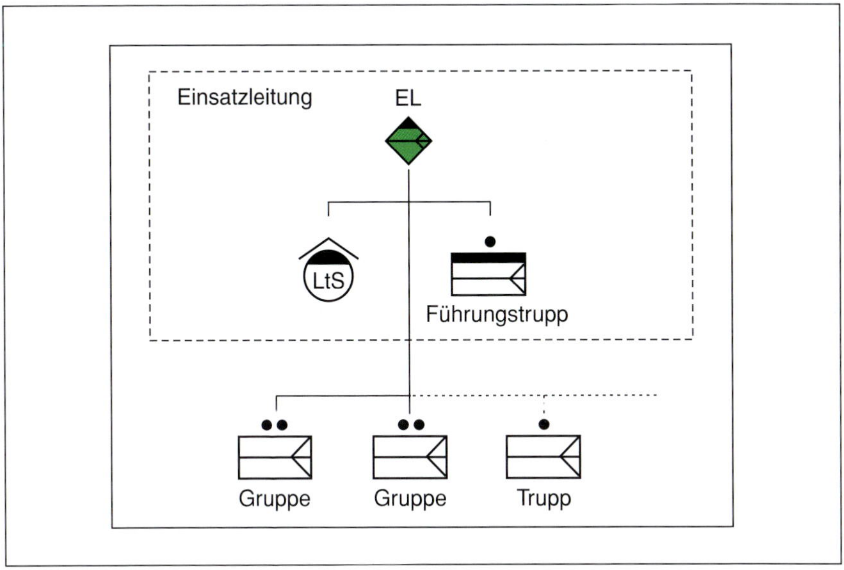

Abbildung 19: Führungsorganisation beim Einsatz eines Zuges

■ Führungsebenen nach taktischer Gliederung des Raumes

Aufgrund der räumlichen Größe einer Einsatzstelle, des Umfangs des Einsatzes oder der Art der Einsatztätigkeit kann es notwendig werden, die Einsatzstelle in Einsatzabschnitte zu unterteilen. Innerhalb eines Einsatzabschnittes können eine oder mehrere taktische Einheiten unterschiedlicher Größe eingesetzt werden. Sie unterstehen dann einem Einsatzabschnittsleiter.

Als Führer einer Einsatzstelle mit Einsatzabschnitten muss der Einsatzleiter, je nach Art und Größe der Einsatzstelle, über mehrere Führungsassistenten und Hilfskräfte verfügen, die dann eine Führungseinheit bilden.

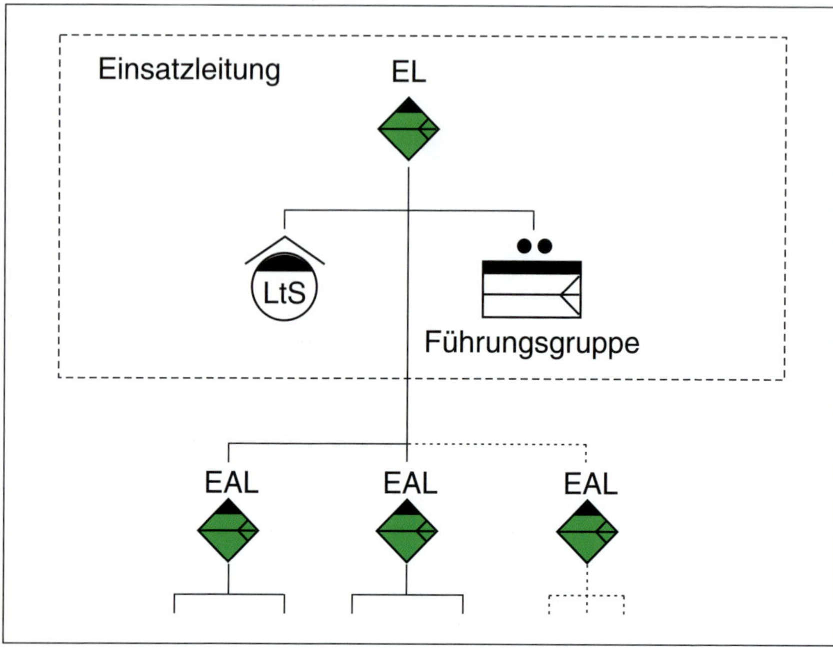

Abbildung 20: Führungsorganisation beim Einsatz mit Einsatzabschnitten

■ Führungsebenen bei Großschadenereignissen und Katastrophen

Bei räumlich ausgedehnten und länger andauernden Schadenereignissen oder in Katastrophenfällen ist die unmittelbare Leitung durch die politisch gesamtverantwortliche Instanz notwendig.

Der **politisch Gesamtverantwortliche** (z. B. Bürgermeister, Landrat) muss zur Gefahrenabwehr sowohl Einsatz- als auch Verwaltungsmaßnahmen veranlassen, koordinieren und verantworten. Er bedient sich hierbei zur Erledigung taktischen Maßnahmen eines Führungsstabes bzw. einer technischen Einsatzleitung und zur Erfüllung der organisatorischen Maßnahmen eines nach Landesrecht geregelten Stabes.

Die für **taktische Maßnahmen** zuständige Einheit (z.B. Führungsstab, Technische Einsatzleitung, örtliche Einsatzleitung) ist in Sachgebiete zu gliedern und durch Fachberater und Verbindungspersonen zu ergänzen. Wer Einsatzleiter ist, regeln die jeweiligen Feuerwehrgesetze oder im Katastrophenfall die Katastrophenschutzgesetze der Länder.

Die taktischen Maßnahmen beziehen sich vor allem auf die Bildung des Einsatzschwerpunktes, die Ordnung des Raumes (d.h. die Abschnittsbildung), die Kräfte (d.h. das Bereitstellen von Kräften, die Bildung von Reserven), die Zeit (d.h. die Reihenfolge der Maßnahmen, das Ablösen von Kräften) und die Informationen (d.h. der Aufbau bzw. der Betrieb einer Kommunikationsstruktur).

Die **technischen Maßnahmen** werden von den Führungskräften der nachgeordneten Führungsebenen wahrgenommen, z.B. vom Gruppen- oder Zugführer, Leiter einer Ortsteil- oder Gemeindefeuerwehr oder bei einer Berufsfeuerwehr von einem Beamten des mittleren oder gehobenen Dienstes.

Die technischen Maßnahmen dienen dazu, das im Einsatzauftrag befohlene Einsatzziel durch den Einsatz geeigneter Kräfte und Mittel, am richtigen Ort und zur richtigen Zeit zu erreichen und so den Einsatzerfolg sicherzustellen. Die technischen Maßnahmen werden vor allem bei räumlich begrenzten Schadenereignissen von taktischen Einheiten und Verbänden ergriffen.

Die für **organisatorische Maßnahmen** zuständige Einheit (z.B. Leitungsstab, Stab für außergewöhnliche Ereignisse) ist eine nach Landesrecht festgelegte Verwaltungseinheit. In ihr arbeiten alle zur Bewältigung der Schadenlage zuständigen Ämter der eigenen Verwaltung, anderer Behörden und Personen mit.

Sie regelt die verwaltungstechnischen Maßnahmen, für die aufgrund rechtlicher Vorgaben oder finanzieller Zuständigkeiten die Führungskräfte der Feuerwehr nicht zuständig sind. Beispiele sind: Evakuierung von Wohngebieten, Betreuung der betroffenen Bevölkerung, Gesundheits- und Hygienevorsorge, Eigentumssicherung, Ersatzvornahmen nach Verwaltungsrecht.

6.8 Führungsstufen

Die Gliederung und die personelle Besetzung der Einsatzleitung ergeben sich fließend aus der Entwicklung des Schaden- bzw. Aufgabenumfanges. Gemäß FwDV 100 wird grundsätzlich zwischen vier Führungsstufen unterschieden:

Tabelle 2: Führungsstufen gemäß FwDV 100

Führungs-stufe	Merkmal
A	**Führen ohne Führungseinheit** – taktische Einheiten Gruppe (bis zu zwei Gruppen) – Führungseinrichtung Leitstelle
B	**Führen mit örtlicher Führungseinheit** – taktische Einheit Zug oder Verband an der Einsatzstelle – Führungstrupp oder Führungsstaffel – Führungseinrichtung Leitstelle
C	**Führen mit einer Führungsgruppe** – taktische Einheit Verband an der Einsatzstelle – Führungsgruppe – Führungseinrichtung Leitstelle
D	**Führen mit einer Führungsgruppe bzw. einem Führungsstab** – mehrere Verbände an einer Einsatzstelle oder mehrere Einsatzstellen im Schadengebiet – Führungsgruppe bzw. Führungsstab eines Landkreises, einer kreisfreien Stadt oder eines Stadtkreises – Führungseinrichtung des Aufgabenträgers der überörtlichen Gefahrenabwehr wie z. B. Leitstelle oder Informations- und Kommunikationszentrale

6.9 Selbstkontrolle und Testfragen

(Lösungen siehe Seite 96)

1. Welche Rechtsgrundlage regelt die Leitung des Einsatzes?

a) Die Satzung des örtlichen Feuerwehrvereins
b) Die DIN EN 100
c) Das Feuerwehrgesetz des jeweiligen Bundeslandes
d) Die Feuerwehr-Dienstvorschrift 7
e) UVV „Einsatzleitung“

2. Welches Aufgaben hat der Einsatzleiter?

a) Er leitet alle ihm an der Einsatzstelle unterstellten Einsatzkräfte.
b) Er erkundet die Lage.
c) Er bestimmt die Aufgaben der anwesenden Polizei.
d) Er koordiniert die Tätigkeiten aller beteiligten Stellen.
e) Er stellt die Verbindung zu beteiligten Stellen sicher.

3. Welche Personen gehören zu einer Führungseinheit?

a) Führungsassistenten
b) Führungsdezernenten
c) Melder
d) Einweiser
e) Fahrer

4. Wie wird eine Einsatzleitung mit Führungsstab gegliedert?

a) Einsatzleiter
b) Sachgebietsleiter
c) Dezernatsleiter
d) Hilfskräfte
e) Fachberater

5. Welche Sachgebiete gehören zu einem Führungsstab?

a) S 1 – Verwaltung
b) S 2 – Lage
c) S 3 – Finanzen
d) S 4 – Versorgung

6. Welche mobilen Befehlstellen sind für den Einsatz der Feuerwehr vorgesehen?

a) Kommandowagen KdoW
b) Befehlsstellenfahrzeuge BSF
c) Einsatzleitfahrzeuge ELW
d) Cheffahrzeuge CF

7. Woraus können sich Führungsebenen ergeben?

a) Aus der taktischen Gliederung der Einsatzkräfte
b) Aus der taktischen Gliederung des Raumes
c) Aus der Höhe des Schadenobjektes
d) Aus dem Dienstgrad der anwesenden Führungskräfte

8. Wer ist der Gesamtverantwortliche bei Großschadenereignissen?

a) Der Bürgermeister oder Landrat
b) Der Führungsstab oder die Technische Einsatzleitung
c) Die Leitung des Feuerwehrvereins
d) Der Leiter der nächst gelegenen Berufsfeuerwehr

9. Welche Führungsstufen werden unterschieden?

a) Führungsstufe 1 bis 4
b) Führungsstufe groß, mittel und klein
c) Führungsstufe A bis D
d) Führungsstufe Trupp, Staffel, Gruppe, Zug

7 Führungsvorgang

Der Führungsvorgang ist ein zielgerichteter, immer wiederkehrender und in sich geschlossener Denk- und Handlungsablauf. Er dient den Führungskräften aller Führungsebenen unter den gegebenen Einsatzbedingungen möglichst schnell die richtige Entscheidung vorzubereiten und umzusetzen und die daraus resultierenden Maßnahmen veranlassen zu können.

7.1 Grundsätze

Damit der Einsatzauftrag nicht nur nach Gefühl und Erfahrung erteilt wird, muss der Führungskraft ein leicht erlernbares Schema zur Verfügung stehen, welches den Führungsvorgang veranschaulicht und ermöglicht, auch unter den besonderen Beanspruchungen des Einsatzgeschehens innerhalb kürzester Zeit Entscheidungen zu treffen und diese in einen Einsatzbefehl umzusetzen.

Diese Auflistung aller wesentlichen Schritte des Führungsvorgangs, die von der Führungskraft durchzuführen sind, wird in der FwDV 100 „Führung und Leitung im Einsatz – Führungssystem" vereinfacht in einem Kreisschema dargestellt. Dieses Schema beginnt mit

- der **Lagefeststellung,** d.h. mit der Erkundung, dieser folgt
- die **Planung** mit der Beurteilung und dem Entschluss und
- endet zunächst mit der **Befehlsgebung.**

Dieser Führungsvorgang kann mit einem einzigen Durchgang meistens nicht abgeschlossen werden. Nur durch die wiederholte Erkundung und Beurteilung der Lage wird die notwendige Kontrolle der gegebenen Befehle sichergestellt und ggf. eine erneute Planung und Befehlsgebung ausgelöst.

Hinweis: Der Einsatz ist erst dann beendet, wenn alle Gefahren beseitigt und eventuell erforderliche Abschlussmaßnahmen durchgeführt sind. Diese Feststellung muss das Ergebnis der letzten Lagebeurteilung sein.

Um zu richtigen Ergebnissen zu kommen, müssen die Befehle nachvollziehbar erarbeitet werden. Hierzu bedient sich die Führungskraft einer Reihe von logisch aufeinander folgender Denk- und Handlungsschritte. Diese Schritte stellen für sie Tätigkeitsabschnitte dar, die in einer bestimmten Reihenfolge abgearbeitet werden müssen. Das Ergebnis eines Tätigkeitsabschnittes ist dabei die Grundlage für den nächsten Abschnitt.

Tabelle 3: Tätigkeitsschritte im Führungsvorgang

	Tätigkeit	Merkmal
1. Durchgang	**Erkundung durchführen**	Es müssen Informationen gesammelt werden.
	Beurteilung durchführen	Die gesammelten Informationen müssen verarbeitet und bewertet werden.
	Entschluss fassen	Die verarbeiteten und bewerteten Informationen sind in einen Entschluss umzusetzen.
	Befehl erteilen	Der Entschluss muss in eine Befehlsformulierung umgesetzt werden.
	Kontrolle durchführen	Die Wirkung der Maßnahmen muss kontrolliert werden, diese mit den Erwartungen verglichen und den zwischenzeitlich neu aufgenommenen Informationen zusammen geführt werden.
2. Durchgang	**Erneute Beurteilung**	Neu aufgenommene Informationen müssen verarbeitet und bewertet werden.
	Neuer Entschluss	Die verarbeiteten und bewerteten neuen Informationen sind ggf. in einen Entschluss umzusetzen.
	Neuer Befehl	Der Entschluss muss ggf. in eine neue Befehlsformulierung umgesetzt werden.
	Erneute Kontrolle	Die Wirkung der neuen Maßnahmen muss kontrolliert werden, diese mit den Erwartungen verglichen und den zwischenzeitlich neu aufgenommenen Informationen zusammen geführt werden.
	usw.	...
	usw.	...

7.2 Lagefeststellung

Die Lage an der Einsatzstelle wird durch das Schadenereignis bzw. durch die Gefahrenlage, durch die Faktoren Ort, Wetter und Zeit und die vorhandenen Möglichkeiten zur Schaden- bzw. Gefahrenabwehr bestimmt.

Bei der Lagefeststellung ist laufend zu erkunden und zu kontrollieren, ob der Umfang der Informationen für eine sinnvolle Beurteilung ausreicht. Das vorrangigste Erkundungsziel ist die Klärung der Frage:

Sind Menschen in Gefahr?

Wenn feststeht, dass Menschen in Gefahr sind, ist sofort mit der Beurteilung und Entschlussfassung zu beginnen, damit möglichst schnell die erforderlichen Rettungsmaßnahmen durchgeführt werden können.

7.2.1 Erkundung durchführen

Die Erkundung ist die erste Phase des Führungsvorgangs. Sie ist Grundlage für die Entscheidungsfindung der Führungskraft und umfasst das Sammeln und Aufbereiten der notwendigen Informationen. Die Beurteilung der Lage, der Entschluss und der daraus resultierende Befehl können nur dann richtig sein, wenn die Erkundung präzise durchgeführt und somit die Lage richtig erkannt worden ist. So wird die Führungskraft z. B. bei einem Gebäudebrand zunächst die Frontalansicht des Schadenobjektes erfassen, die Zugangsmöglichkeiten (Treppenraum u. Ä.) überprüfen, wenn möglich auch um das Schadenobjekt „herumlaufen" und ggf. beteiligte Personen befragen.

Das Lagebild bestimmt sich dann aus den Faktoren

- Ort, Wetter und Zeit,
- Schaden, Schadenobjekt und Schadenumfang,
- Führung, Einsatzkräfte und Einsatzmittel.

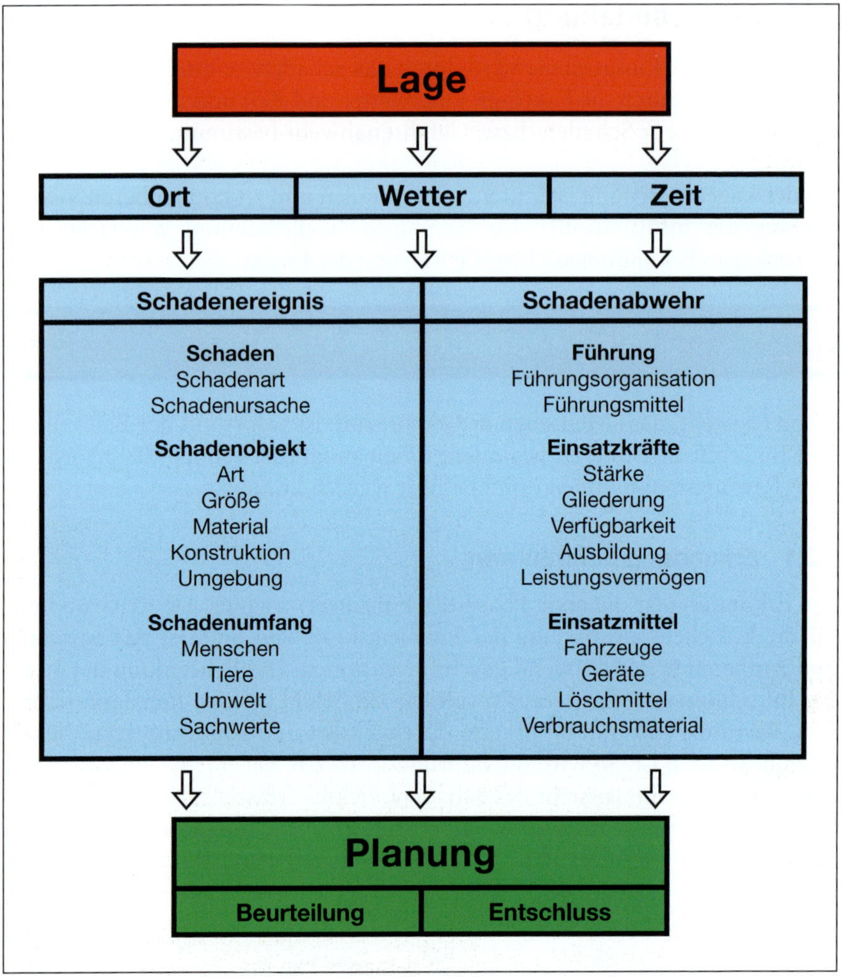

Abbildung 21: Lagefeststellung

7.2.2 Informationen sammeln

Die notwendigen Informationen erhält die Führungskraft z. B. durch:

- den Einsatzauftrag gemäß Alarmierungsstichwort,
- den Einsatzbefehl einer übergeordneten Führungsebene,
- eigene Wahrnehmungen,
- Meldungen und Feststellungen von nachgeordneten Führungsebenen, fachkundigen Personen, betroffenen Personen oder aus der Bevölkerung,
- Einsatzunterlagen wie z.B. Feuerwehrpläne, Feuerwehr-Einsatzpläne, Karten o. Ä. oder
- Dienstvorschriften, Rechtsvorschriften o. Ä.

Abbildung 22: Einsatzleiter bei der Befragung einer betroffenen Person

Die Führungskraft muss den Informationsgehalt und die Grenzen der einzelnen Informationsquellen bewerten können. So müssen z. B. Meldungen von betroffenen Personen oder aus der Bevölkerung und Meldungen eines eingesetzten Erkundungstrupps unterschiedlich bewertet werden.

7.2.3 Meldungen abgeben

Ein wesentliches Mittel zum Informationsaustausch stellen Meldungen dar. Sie dienen der Übermittlung von Informationen, z. B. von einem Gruppenführer an den Einsatzleiter. Führungs- und Einsatzkräfte sind ohne besonderen Auftrag zur Abgabe von Meldungen an die übergeordnete Führungsebene verpflichtet. Dies gilt nach der Erledigung eines erhaltenen Einsatzauftrages, wenn ein Einsatzauftrag nicht durchführbar ist oder bei Lageänderungen.

Bei der Abgabe von Meldungen sind folgende Grundsätze zu beachten:

- Meldungen müssen unverzüglich erfolgen.
- Meldungen müssen den Zeitpunkt der Feststellung enthalten.
- Meldungen müssen klar und unmissverständlich sein.
- Meldungen müssen kurzgefasst, aber verständlich sein.
- Meldungen dürfen nicht über- oder untertrieben sein.
- Meldungen müssen Tatsachen und Vermutungen voneinander trennen.
- Meldungen sind nach Dringlichkeit zu kennzeichnen und zu behandeln.

Rechtzeitige und regelmäßige Meldungen der im Einsatz befindlichen Einheiten über die Schadenlage und die Veränderungen der Schadenlage sind wichtige Grundlagen für die Einsatzplanung. Dabei ist auch die Bestätigung von Meldungen oder die Feststellung, dass sich die Lage innerhalb eines bestimmten Zeitraumes nicht geändert hat, von besonderer Bedeutung.

Lagemeldungen sind in regelmäßigen Zeitabständen abzusetzen. Dabei ist es besser, statt umfangreicher langer Meldungen in größeren Zeitabständen kurz gefasste Meldungen in kürzeren Zeitabständen abzusetzen. Jede wesentliche Lageveränderung muss jedoch unverzüglich gemeldet werden.

Tabelle 4: Beispiel für eine Lagemeldung

Gliederung	Beispiel
Wer bin ich?	• Leitstelle Musterstadt von Florian Musterdorf LF 20 kommen!
Wo bin ich?	• Einsatzstelle – Südstraße eingetroffen!
Was ist los?	• Zimmerbrand, • im 2. OG eines 3-geschossigen Wohnhauses! • Eine Person in Gefahr!
Was tue ich?	• Menschenrettung eingeleitet! • Ein C-Rohr, 2 PA und Sicherungstrupp im Einsatz!
Was brauche ich?	• Ein weiteres LF 20 und RTW zur Einsatzstelle!

7.3 Planung

Zur Planung gehören das systematische Bewerten von Informationen und die sich daraus ergebende Befehlsgebung. Sie beinhaltet die **Beurteilung** und den **Entschluss**. Sie ist so durchzuführen, dass es nicht zu überstürztem Handeln kommt oder ein zeitgerechtes Handeln verhindert wird.

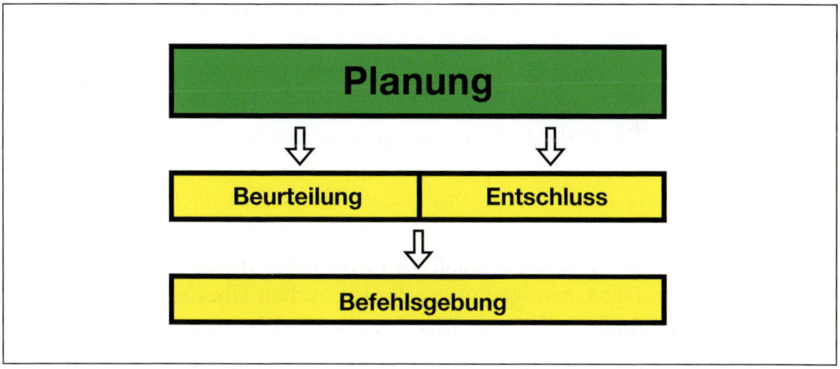

Abbildung 23: Planung

7.3.1 Beurteilung durchführen

In dieser Phase des Führungsvorganges gilt es nun, die zuvor gesammelten Informationen zu verarbeiten und zu bewerten sowie zu prüfen, wie eine Gefahrenabwehr oder Schadenbeseitigung mit den zur Verfügung stehenden Einsatzkräften und -mitteln unter den vorliegenden Einflüssen von Ort, Zeit und Wetter am besten durchgeführt werden kann.

Die Führungskraft darf nicht in den Fehler verfallen, die Beurteilung einfach aufgrund des eigenen Erfahrungsschatzes quasi routinemäßig durchzuführen. Die Beurteilung muss vielmehr auf einer zielgerichteten Auswertung der Informationen aus der Lagefeststellung beruhen. Die Führungskraft muss nach Möglichkeiten der Auftragserfüllung und des lagegerechten Handelns suchen und dabei jeweils eine Antwort auf die folgenden Fragen finden:

- Welche Gefahren sind für Menschen, Tiere Umwelt und Sachen erkannt?
- Welche der erkannten Gefahren muss zuerst bekämpft werden?
- Wo muss die Gefahr zuerst bekämpft werden?
- Welche Möglichkeiten der Gefahrenabwehr bestehen?
- Vor welchen Gefahren müssen sich die Einsatzkräfte hierbei schützen?

Durch Abwägen der Vor- und Nachteile verschiedener Möglichkeiten muss die Führungskraft dann eine Entscheidung für die Durchführung der Gefahrenabwehr bzw. Schadenbeseitigung vorbereiten.

- Welche Vor- und Nachteile haben die verschiedenen Möglichkeiten?
- Welche Möglichkeit der Gefahrenabwehr ist die Beste?

Die Führungskraft muss rasche und folgerichtige Entscheidungen treffen. Dabei soll sie sich zunächst auf die wesentlichen Punkte der Lage beschränken, damit in möglichst kurzer Zeit ein Entschluss und eine Befehlsgebung erfolgen können. Der Grundgedanke aller taktischen Überlegungen: ***„… mit dem geringsten Aufwand an Kräften und Mitteln den größtmöglichen Erfolg erzielen …“*** darf nicht außer Acht gelassen und muss bei aller Schnelligkeit berücksichtigt werden.

7.3.2 Entschluss fassen

Nach der Beurteilung der Lage und der daraus folgenden besten Möglichkeit zur Gefahrenabwehr muss die Führungskraft diese Möglichkeit in Form des Entschlusses in ein Maßnahmenkonzept über die Art der Durchführung des Einsatzes umsetzen. Der Entschluss ist die Zusammenfassung der zuvor durchgeführten Beurteilung der Lage durch die Führungskraft.

Im Entschluss wird festgelegt:

- Mit welchen Maßnahmen soll das Einsatzziel erreicht werden?
- Welche Einsatzkräfte sollen hierfür eingeteilt werden?
- Welche Einsatzmittel sollen hierfür eingesetzt werden?
- Wo soll die Maßnahme wirksam werden?
- Welcher zeitliche Aufwand ist erforderlich?
- Wie ist der Einsatzauftrag zu formulieren?

Erforderlichenfalls wird zusätzlich festgelegt:

- Welche Einsatzkräfte und -mittel werden zusätzlich angefordert?
- Welche Einsatzabschnitte sind zu bilden?
- Welche Reserven werden gebildet?
- Wo werden Bereitstellungsräume eingerichtet?
- Welche Sammelstellen werden eingerichtet?
- Welche Absperrmaßnahmen sind zu veranlassen?

Der Entschluss fasst die Absicht der Führungskraft und die Grundzüge der Einsatzplanung zusammen. Von dem einmal gefassten Entschluss wird nur abgewichen, wenn neue oder zusätzliche Informationen zu einer neuen Lagebeurteilung führen, die erheblich von der bisherigen Beurteilung abweicht.

Dabei ist es wichtig, rechtzeitig die Umstände und den Zeitpunkt für eine erforderliche Änderung der getroffenen Maßnahmen zu erkennen und die Vor- und Nachteile, die mit dieser Änderung verbunden sind, abzuwägen.

7.4 Befehlsgebung

Der Befehl beinhaltet alles, was als Ergebnis der Einsatzplanung von einem Einsatzleiter oder dem Führer einer taktischen Einheit nach einem vorgegebenen Schema an unterstellte taktische Einheiten übermittelt wird. Der Befehl ist die Anordnung an die Einsatzkräfte, Maßnahmen zu Gefahrenabwehr oder zur Schadenbegrenzung auszuführen.

7.4.1 Befehl erteilen

Durch den Befehl wird der Entschluss der Führungskraft in die Tat umgesetzt. Der Befehl muss den Entschluss unmissverständlich und eindringlich zum Ausdruck bringen. Dabei ist zu beachten:

- Befehle werden mit dem Anspruch auf Gehorsam erteilt. Grundlage hierfür ist die festgelegte Dienstpflicht der Einsatzkräfte.
- Befehle müssen durchführbar und dem Leistungsvermögen der beauftragten Einheiten angepasst sein. Sie dürfen weder Unmögliches, noch ein Tun oder Unterlassen verlangen, das Rechtsvorschriften zuwiderläuft.
- Es müssen klare Unterstellungsbefugnisse vorliegen. Wenn eine Führungskraft erst im Verlauf eines Einsatzes eintrifft und dann die Einsatzleitung übernehmen soll, kann dies erst nach eingehender Einweisung in die Lage und nach einer eigenen Entschlussfassung erfolgen.
- Befehle werden nur an unterstellte Einheiten gegeben. Nur in besonderen Ausnahmesituationen dürfen Führungsebenen übersprungen werden. Dann ist jedoch umgehend die zuständige Führungsebene zu informieren.
- Der Führer einer taktischen Einheit darf von dem Befehl nur abweichen, wenn sich die Lage grundlegend geändert hat und gleichzeitig ein schnelles Handeln erforderlich ist. Die Abweichung ist sobald wie möglich an die übergeordnete Stelle zu melden.
- Der Inhalt des Befehls muss der Entschlussfassung der Führungskraft entsprechen. Die Befehlsformulierung muss einfach und verständlich sein. Nichtsagende Ausdrücke und Redewendungen sind zu vermeiden.

■ Gliederung des Befehls

Der Inhalt des Befehls muss möglichst kurz und klar abgefasst sein. Er muss dabei alles Notwendige enthalten, das die nachgeordneten Führungs- und Einsatzkräfte zur Erfüllung der gestellten Aufgaben wissen müssen. Die Abfassung eines Befehls richtet sich auf allen Führungsebenen nach dem Schema:

Einheit	Wer soll etwas tun?
Auftrag	Was soll getan werden?
Mittel	Womit soll etwas gemacht werden?
Ziel	Wo soll etwas gemacht werden?
Weg	Welcher Weg soll genutzt werden?

Wenn nachgeordnete Führungskräfte an Ort und Stelle Einzelheiten der Lage besser übersehen können, kann sich der Befehl auch auf den Auftrag beschränken und der nachgeordneten Führungskraft entsprechende Handlungsfreiheit bei der Durchführung gewähren (Auftragstaktik). Der Befehl muss dann mindestens enthalten:

Einheit	Wer soll etwas tun?
Auftrag	Was soll getan werden?

Zur Führung über längere Zeiträume kann es notwendig sein, das Befehlsschema zu ergänzen und anders zu gliedern

Lage	Gefahrenlage, Schadenereignis, Unterstellung ...
Auftrag	erhaltener Auftrag
Durchführung	eigene Absicht, Einzelaufträge, Zusammenarbeit ...
Versorgung	Verpflegung, Betriebsstoffe, Materialerhaltung ...
Kommunikation	Verbindungen, Meldeköpfe, Befehlsstellen ...

■ Übermittlung des Befehls

Die Entscheidung über die Art der Übermittlung von Befehlen hängt von der jeweiligen Lage ab. Befehle können mündlich (oder schriftlich) direkt an den Befehlsempfänger gegeben, über einen Melder weitergegeben oder über entsprechende Fernmeldemittel übertragen werden. An Einsatzstellen werden die Befehle in der Regel mündlich gegeben. Schriftliche Befehle – ggf. durch Zeichnungen, Skizzen, Kartenausschnitte oder Bilder ergänzt – sind bei größeren Einsätzen, bei denen unübersichtliche Verhältnisse geordnet oder verschiedene Belange koordiniert werden müssen, erforderlich.

Es kann notwendig sein, sich zu vergewissern, ob und wann ein Befehl seinen Empfänger erreicht hat. Zur Kontrolle, ob ein Befehl auch richtig aufgenommen wurde, kann u.U. eine Wiederholung im Wortlaut (oder eine Empfangsbestätigung) sinnvoll sein.

7.4.2 Wechsel der Einsatzleitung

Vor Übernahme der Einsatzleitung durch eine nachgerückte Führungskraft muss für diese eine umfassende Lageeinweisung erfolgen. Bereits eingeleitete Maßnahmen und Befehle dürfen nur beim Vorliegen zwingender Gründe geändert werden.

Die Übergabe bzw. Übernahme der Einsatzleitung müssen immer klar formuliert und bekannt gegeben werden, wie z.B.:

Ich übernehme die Einsatzleitung! Übernehmen Sie jetzt die … !

oder

Habe die Einsatzleitung an … übergeben! Ich übernehme jetzt … !

Die Übergabe bzw. Übernahme der Einsatzleitung muss bei jedem Wechsel der Führungskraft oder der Führungsverantwortung erfolgen. Sie ist den nachgeordneten Einheiten bekannt zu geben und zu dokumentieren.

7.5 Kontrolle

Die Führungskraft muss nach ihrer Befehlserteilung zunächst den Führungsvorgang durch Sammeln weiterer Informationen fortsetzen und nach einer entsprechenden Entwicklungszeit prüfen, zu welcher Wirkung die angeordneten Maßnahmen führen. Sie muss diese Wirkung mit den Erwartungen bezüglich einer sicheren und fachgerechten Durchführung vergleichen und mit den zwischenzeitlich neu aufgenommenen Informationen zusammenführen.

Dies dient neben der allgemeinen Feststellung von eingetretenen Lageveränderungen und der Vervollständigung des Lagebildes vor allem der Kontrolle der Auswirkungen der bisher gegebenen Befehle. In diesem Zusammenhang ist auch zu prüfen, ob die Sicherheit der Einsatzkräfte gewährleistet ist.

Hinweis: Die Kontrolle sollte sachlich und mit Verständnis für die Einsatzkräfte so ausgeübt werden, dass sie als Hilfe empfunden wird.

7.6 Einsatzabschluss

Im weiteren Einsatzablauf können sich folgende Möglichkeiten ergeben:

- Es wurde nur ein Teil der erkannten Gefahren beseitigt,
- alle erkannten Gefahren sind beseitigt, weitere Gefahren jedoch möglich,
- alle erkannten Gefahren sind beseitigt, weitere Gefahren mit Sicherheit auszuschließen oder
- abschließende Maßnahmen sind noch zu veranlassen.

Nach Feststellung von eingetretenen Lageveränderungen und zusätzlichen oder noch vorhandenen Gefahren und Bewertung der weiteren Belastungsfähigkeit der Einsatzkräfte sowie Überprüfung der Verfügbarkeit der Löschmittel müssen diese neu aufgenommenen Informationen verarbeitet und bewertet werden.

■ Erneute Beurteilung

Es ist eine erneute Beurteilung durchzuführen. Durch Abwägen der Vor- und Nachteile der verschiedenen Einsatzmöglichkeiten muss die Führungskraft die Entscheidung zur Durchführung weiterer Abwehrmaßnahmen vorbereiten.

■ Neuer Entschluss

Die verarbeiteten und bewerteten neuen Informationen sind in Maßnahmenkonzepte umzusetzen und in eine neue Befehlsformulierung umzusetzen. Hieran schließen sich eine erneute Kontrolle und weitere Erkundungen an.

Hinweis: Die genannten Tätigkeitsschritte des Führungsvorganges *(siehe Tabelle 3)* sind so oft zu wiederholen, bis eine letzte Lagebeurteilung ergibt, dass keine Gefahren mehr bestehen oder bis das taktische Ziel erreicht ist.

7.7 Dokumentation und Lagedarstellung

Die Lage und der Einsatzverlauf werden grundsätzlich von der Leitstelle mit Hilfe entsprechender Einsatzleitprogramme dokumentiert. Sobald an der Einsatzstelle eine Einsatzleitung ihre Tätigkeit aufgenommen hat, ist auch diese im Rahmen der vorhandenen Möglichkeiten für die Dokumentation und die Lagedarstellung in ihrem Bereich zuständig. Die Dokumentationspflicht der Leitstelle bleibt hiervon unberührt.

Die **Dokumentation** ist das Erfassen, Sammeln, Ordnen und Aufbewahren von Informationen und Sachverhalten, die zum Zweck des Nachweises des Handelns, zur Information und zur späteren Auswertung erforderlich sind.

In der **Lagedarstellung** wird die Gefahren- und Schadensituation beschrieben (z.B. in Einsatzübersichten, auf Lagekarten) und gegebenenfalls das Schadengebiet, dessen Nachbarschaft und die eingeleiteten Maßnahmen zur Gefahrenabwehr optisch aufbereitet. Die für die Lagedarstellung der Feuerwehr wichtigen und häufig benötigten Zeichen sind in der FwDV 100 aufgeführt.

7.8 Selbstkontrolle und Testfragen

(Lösungen siehe Seite 96)

1. Welches sind die wesentlichen Schritte des Führungsvorganges?

a) Vermeidung – Verhütung – Versicherung
b) Lagefeststellung – Planung – Befehlsgebung
c) Lagebetrachtung – Bearbeitungsvorschlag – Umsetzungsdiskussion
d) Ausbildung – Beförderung – Befehlsgewalt

2. Wann ist ein Einsatz beendet?

a) Wenn der Leiter der Feuerwehr das Ende beschließt
b) Wenn alle Gefahren beseitigt sind
c) Wenn erforderliche Abschlussmaßnahmen durchgeführt sind
d) Wenn die ablösenden Einsatzkräfte an der Einsatzstelle eintreffen
e) Nach spätestens 24 Stunden

3. Wodurch wird das Lagebild bestimmt?

a) Durch Ort, Wetter und Zeit
b) Durch die Anzahl der Ortsteilfeuerwehren in einer Gemeinde
c) Durch Schaden, Schadenobjekt und Schadenumfang
d) Durch Schadensumme, Schadenersatz und Schadenvergütung
e) Durch die Ankündigung der Gefahrenabwehr

4. Wer ist für die Erkundung an der Einsatzstelle zuständig?

a) Der festgelegte Erkunder
b) Der anwesende Melder
c) Der eingesetzte Angriffstrupp
d) Der jeweilige Einsatzleiter
e) Der Leiter der Feuerwehr
f) Der dienstgradälteste Führungsassistent

5. Welche Bestandteile muss eine Lagemeldung enthalten?

a) Wer bin ich?
b) Wie spät ist es?
c) Wo bin ich?
d) Warum melde ich mich?
e) Was ist los?
f) Was brauche ich?

6. Welche Fragen müssen bei der Beurteilung der Lage in jedem Fall berücksichtigt werden?

a) Welche Gefahren sind für Menschen und Tiere erkannt?
b) Welche Kosten werden im Verlauf des Einsatzes entstehen?
c) Welche Gefahren sind für Umwelt und Sachen erkannt?
d) Vor welchen Gefahren müssen sich die Einsatzkräfte schützen?
e) Wer ist für die Erteilung des Einsatzbefehls zuständig?
f) Welche Möglichkeit der Gefahrenabwehr ist die Beste?

7. Welche Absichten des Einsatzleiters werden im Entschluss festgelegt?

a) Die Einsatzkräfte, die eingeteilt werden sollen
b) Die Kosten, die nicht überschritten werden dürfen
c) Die Stelle, an der die Maßnahmen wirksam werden sollen
d) Die Einsatzmittel, die eingesetzt werden sollen

8. Welche Bestandteile soll ein Einsatzbefehl enthalten?

a) Einheit und Auftrag
b) Ort, Wetter und Zeit
c) Anfang und Ende der Einsatztätigkeit
d) Mittel, Ziel und Weg

8 Führungsmittel

Führungsmittel sind technische Mittel und Einrichtungen, die Führungskräfte bei ihrer Führungsarbeit unterstützen. Sie ermöglichen den Führungskräften, den Führungsassistenten und den Einsatzkräften den Empfang, die Verarbeitung und die Weitergabe von Informationen. Damit erleichtern und beschleunigen die Führungsmittel den Führungsvorgang entscheidend.

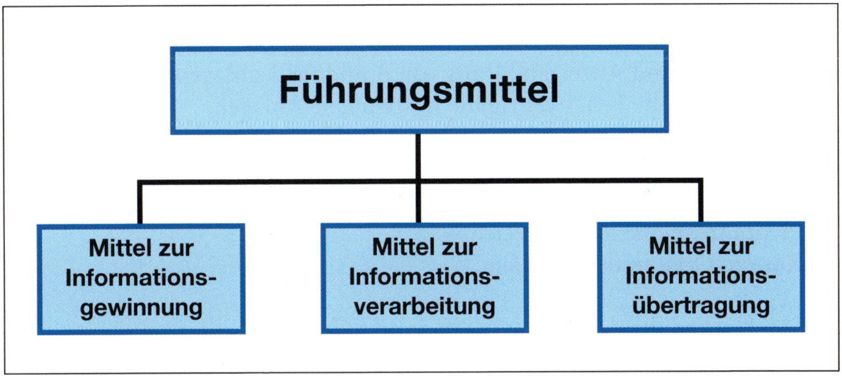

Abbildung 24: Führungsmittel gemäß FwDV 100

Die Führungskräfte sind auf Informationen angewiesen. Deshalb ist ihre Leistungsfähigkeit weitgehend auf der technischen Leistungsfähigkeit ihrer Führungsmittel aufgebaut. Jede Führungskraft sollte die verfügbaren Führungsmittel kennen, ihren Einsatzwert richtig einschätzen und die Grundsätze ihrer Anwendung beherrschen. Die Bereitstellung von Führungsmitteln allein genügt nicht, sondern ihr Einsatz muss auch organisiert und geplant werden. Hieraus ergibt sich eine enge Verzahnung von Technik und Organisation. Weitreichende technische Führungsmittel können z.B. den Einsatzleiter aber auch dazu verleiten, in einzelne Aufgabenbereiche unterstellter Führer hinein zu befehlen und dabei Führungsebenen zu überspringen („Durchgriff“).

8.1 Führungsmittel zur Informationsgewinnung

Nach dem Eintreffen an der Einsatzstelle (ggf. auch schon bei der Anfahrt), wird die Führungskraft im Rahmen des Führungsvorgangs zuerst eine Erkundung der Lage durchführen. Neben der Befragung von Betroffenen oder sonstiger anwesender Personen und der Inaugenscheinnahme der Einsatzstelle, kann die Führungskraft zur Lageerfassung auch entsprechende Mittel der Informationsgewinnung nutzen. Hierzu gehören insbesondere:

- Informationen der Leitstelle oder Einsatzzentrale,
- Alarmausdrucke,
- Laufkarten und Anzeigetableaus von Brandmeldeanlagen,
- objektbezogene Feuerwehrpläne für bauliche Anlagen,
- objekt- bzw. ereignisbezogene Feuerwehr-Einsatzpläne,
- Abwasser- und Wasserversorgungspläne,
- Einsatzleiter-Handbücher,
- Hydrantenpläne und -verzeichnisse,
- Karten, Orts- und Stadtpläne.

Für die Beurteilung der Lage können darüber hinaus genutzt werden:

- Dienstvorschriften,
- Richtlinien,
- Merkblätter,
- Nachschlagewerke,
- Dateien über gefährliche Stoffe und Güter,
- EDV-unterstützte Informationssysteme.

Abbildung 25: Einsatzleiter und Zugführer bei der Lageerkundung mithilfe eines Feuerwehrplanes

8.2 Führungsmittel zur Informationsverarbeitung

In Abhängigkeit von der Art und vom Umfang des Einsatzes ist für die Verarbeitung der Informationen eine entsprechende Ausstattung der Führungskräfte mit technischen Führungsmitteln erforderlich. Hierzu gehören neben dem üblichen Schreibmaterial insbesondere:

- Vordrucke, Formulare und Checklisten,
- Notebook/Laptop mit Textverarbeitungsprogrammen, mit Drucker,
- Geräte zur Sprachaufzeichnung wie z.B. Diktiergeräte,
- Kopiergeräte,
- Flipcharts, Stellwände und Tafeln,
- Geräte zur Erstellung von Foto- und Filmmaterial, z.B. Videokameras.

Zunehmend werden auch Systeme zur Einsatzunterstützung genutzt, wie z.B. PC-Systeme zur Ausbreitungsberechnung von Schadstoffwolken, zur grafischen Lagekartenerstellung, zur geographischen Ortung, zur Darstellung von Rettungsleitfäden oder auch Systeme mit Internetanschlüssen.

Dokumentationstasche mit Klemmbrett

Clipboard Formular-Kassette mit Fächern

Tablet PC stoßgesichert, druckwasserdicht

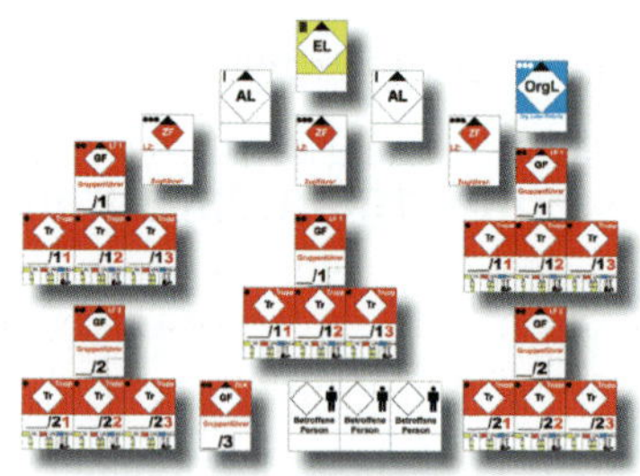

Magnetsätze zur Lagedarstellung

Abbildung 26: Beispiele für Führungsmittel zur Informationsverarbeitung (Quellen: links oben: gfd, rechts oben: Dönges GmbH & Co. KG, links unten: MDAI mobile solutions GmbH, rechts unten: Ultradex Planungsgeräte GmbH)

8.3 Führungsmittel zur Informationsübertragung

Der Übertragung von Informationen dienen insbesondere Besprechungen, Verbindungsorgane (z.B. Melder) und Kommunikationsmittel.

■ Besprechungen

Um innerhalb der Einsatzleitung und gegebenenfalls auch innerhalb der Führungsebenen einen gleichen Informationsstand zu erhalten oder zu sichern, können regelmäßige Besprechungen durchgeführt werden. Dies kann in Form eines Informationsgespräches erfolgen, in dem z.B. der Einsatzleiter den Führungsassistenten einen genauen Überblick über die Lage gibt oder er mit seinen unterstellten Führern das weitere Vorgehen bespricht.

Eine weitere Möglichkeit kann ein Kurzvortrag sein, bei dem z.B. der Leiter des Sachgebietes S4 die geplante Durchführung der Versorgung der eingesetzten Einheiten darstellt. Bei einer Stabsbesprechung gibt jeder Beteiligte seine Informationen oder seinen Kenntnisstand bekannt. Diese können zusammengefasst, ausgewertet und dokumentiert werden.

■ Verbindungsorgane

Zu den Verbindungsorganen gehören Verbindungspersonen anderer Organisationen oder Einheiten, Kuriere oder Melder. Sie werden eingesetzt, um einen Informationsaustausch zwischen den einzelnen Führungsebenen und zu anderen Stellen sicherzustellen, um somit zur Entlastung der Kommunikationsmittel beizutragen.

■ Kommunikationsmittel

Die wichtigsten Führungsmittel sind die Kommunikationsmittel (auch Fernmeldemittel genannt). Mit diesen Mitteln ergeben sich unterschiedliche Möglichkeiten der Informationsübertragung. Die Leistungsfähigkeit, Zuverlässigkeit und der Zeitaufwand für den Aufbau und die Übertragung muss entsprechend bewertet werden. Grundsätzlich wird zwischen Führungszeichen, drahtlosen und drahtgebundenen Kommunikationsmitteln unterschieden.

Die **Führungszeichen** in Form von optischen (oder auch akustischen Signalen) dienen zum Übermitteln von Befehlen und Meldungen, wenn andere Arten der Übermittlung nicht möglich oder unzweckmäßig sind. In der Feuerwehr-Dienstvorschrift FwDV 1 „Grundtätigkeiten – Lösch- und Hilfeleistungseinsatz“ sind die grundlegenden Sichtzeichen aufgenommen.

Hinweis: Die in der FwDV 1 aufgenommenen Sichtzeichen entsprechenden den grundlegenden Handzeichen, die in der BGV A 8 „Sicherheits- und Gesundheitsschutzkennzeichnung am Arbeitsplatz“ aufgeführt sind. Diese Sichtzeichen werden mit dem Arm bei flachgehaltener Hand gegeben.

Die **drahtlosen Kommunikationsmittel** (z.B. Sprechfunkgeräte) sind überwiegend den beweglichen Einsatzkräften vorbehalten. Sie sind bei geringem Personalaufwand sehr schnell betriebsbereit. Sie ermöglichen die Übertragung von Informationen auch während der Bewegung oder eines Standortwechsels des Benutzers. Die Benutzung ist weitgehend unabhängig vom Gelände und die Überbrückung größerer Entfernungen ist möglich.

Auch Mobilfunktelefone können als drahtlose Kommunikationsmittel eingesetzt werden. Häufig treten aber, besonders bei größeren Schadenlagen, Netzüberlastungen auf. Zudem sind die Geräte nicht für die speziellen Anforderungen des Feuerwehreinsatzes wie Spritzwasserschutz, Bedienbarkeit mit Handschuhen o.Ä. ausgerüstet.

Eine Ansammlung von drahtlosen Kommunikationsmitteln (z.B. Sprechfunkgeräte) in einem räumlich begrenzten Bereich ist wegen der Möglichkeit der gegenseitigen Störungen („Funksalat“) zu vermeiden. Bei länger andauernden Einsätzen innerhalb und zwischen Befehlsstellen oder wenn drahtlose Kommunikationsmittel nicht eingesetzt werden können, sind möglichst drahtgebundene Kommunikationsmittel (z.B. Telefon) zu verwenden.

Die **drahtgebundenen Kommunikationsmittel** gewährleisten einen schnellen und wirksamen Informationsaustausch durch das persönlich geführte Gespräch. Diese Mittel stehen durch Mitbenutzung der allgemeinen privaten Fernmeldenetze oder durch Fernmeldesondernetze zur Verfügung.

8.4 Selbstkontrolle und Testfragen

(Lösungen siehe Seite 96)

1. Welche Arten von Führungsmittel werden unterschieden?

a) Mittel zur Informationsgewinnung
b) Mittel zu Informationsverarbeitung
c) Mittel zu Informationsbeurteilung
d) Mittel zur Informationsplanung
e) Mittel zur Informationsübertragung

2. Wie können Informationen übertragen werden?

a) Durch Besprechungen
b) Durch Vereinbarungen
c) Durch Verbindungsorgane
d) Durch Gedankenübertragung
e) Durch Kommunikationsmittel

3. Welche Arten von Kommunikationsmittel werden verwendet?

a) Führungszeichen
b) Verkehrszeichen
c) Drahtlose Kommunikationsmittel
d) Drahtfeste Kommunikationsmittel
e) Drahtgebundene Kommunikationsmittel

4. Wie werden die in der FwDV 100 beschriebenen Sichtzeichen gegeben?

a) Mit blinkenden Handlampen
b) Mit der Hand bei flachgehaltenem Arm
c) Mit dem Arm bei flachgehaltener Hand
d) Durch Vorzeigen von Dokumenten
e) Durch Versenden von Bildern

9 Verwendete Abkürzungen

A-Tr	Angriffstrupp
bzw.	beziehungsweise
d.h.	das heißt
DIN EN	DIN-Europa-Norm
EAL	Einsatzabschnittsleiter
EL	Einsatzleiter
ggf.	gegebenenfalls
LtS	Leitstelle
Ma	Maschinist
Me	Melder
NAW	Notarztwagen
o. Ä.	oder Ähnliche(s)
PA	Pressluftatmer
S	Sachgebiet
S-Tr	Schlauchtrupp
THW	Technisches Hilfswerk
Tr	Trupp
u.a.	und andere(s)
u.Ä.	und Ähnliche(s)
usw.	und so weiter
u.U.	unter Umständen
UVV	Unfallverhütungsvorschrift
W-Tr	Wassertrupp
z.B.	zum Beispiel
z.b.V.	zur besonderen Verwendung
z.T.	zum Teil

10 Literatur- und Quellenverzeichnis

HAMILTON, W.: Handbuch für den Feuerwehrmann, 19. Auflage 1999, Boorberg-Verlag, Stuttgart

KOPP, M.: „Erwartungshaltungen an eine Führungskraft", Zeitschrift Brandhilfe, Ausgabe 9/1998, Neckar-Verlag, Villingen-Schwenningen

POLTHIER, K.: Lexikon Brand- und Explosionsschutz, 1996, Verlag W. Kohlhammer, Stuttgart

PRENDKE, W.-D.: „Lexikon der Feuerwehr", Ausgabe 1996, Verlag W. Kohlhammer, Stuttgart

SCHOTT, L., RITTER, M.: Feuerwehr-Grundlehrgang, FwDV 2/2, 10. Auflage 1997, Wenzel-Verlag, Marburg

Feuerwehr-Dienstvorschrift FwDV 100 „Führung und Leitung im Einsatz – Führungssystem, Stand: 1999, Staatliche Landesfeuerwehrschule Würzburg, Würzburg

Ausbildung zum Truppführer, Lehrstoffblätter für die Ausbildung der Feuerwehren in Baden-Württemberg, Stand: 1999, Neckar-Verlag GmbH, Villingen-Schwenningen

Lösungen zu Kapitel 2.6: 1. a) und c); 2. a), b), c) und e); 3. b); 4. a), d) und e)

Lösungen zu Kapitel 3.5: 1. b); 2. c); 3. b), d), e) und f); 4. c)

Lösungen zu Kapitel 4.4: 1. a), b), c) und e); 2. a), c) und e); 3. b) und d); 4. a) bis c)

Lösungen zu Kapitel 6.9: 1. c); 2. a), b), d) und e); 3. a), c) und e); 4. a), b), d) und e); 5. b) und d); 6. a) und c); 7. a) und b); 8. a); 9. c)

Lösungen zu Kapitel 7.8: 1. b); 2. b) und c); 3. a) und c); 4. d); 5. a), c), e) und f); 6. a), c), d) und f); 7. a), c) und d); 8. a) und d)

Lösungen zu Kapitel 8.4: 1. a), b) und e); 2. a), c) und e); 3. a), c) und e); 4. c)